西安石油大学优秀学术著作出版基金资助

射流管伺服阀的
多物理场仿真及优化

陈 佳 著

中国石化出版社
HTTP://WWW.SINOPEC-PRESS.COM

图书在版编目（CIP）数据

射流管伺服阀的多物理场仿真及优化/陈佳著. —北京：
中国石化出版社，2021.7

ISBN 978 - 7 - 5114 - 6370 - 8

Ⅰ. ①谢…　Ⅱ. ①陈…　Ⅲ. ①电 – 液伺服阀 – 研究
Ⅳ. ①TH134

中国版本图书馆 CIP 数据核字（2021）第 146207 号

中国石化出版社出版发行

地址：北京市东城区安定门外大街 58 号
邮编：100011　电话：(010)57512500
发行部电话：(010)57512575
http://www.sinopec-press.com
E-mail：press@sinopec.com
北京富泰印刷有限责任公司印刷
全国各地新华书店经销

*

710×1000 毫米 16 开本 8.75 印张 156 千字
2021 年 9 月第 1 版　2021 年 9 月第 1 次印刷
定价：56.00 元

前　　言

　　电液伺服阀是电液伺服系统中的核心元件，由结构特点而分为挡板式电液伺服阀、射流式电液伺服阀，其中的射流式电液伺服阀因其抗污染能力强等优点而在航空、航天及船舶的电液伺服系统中被广泛应用。射流管伺服阀上接电气控制系统，下连机械液压系统，其性能直接影响着电液伺服系统的动态特性。因此，研制高宽频、响应速度快、稳定性好的射流管伺服阀对于提高整个电液伺服系统的性能有着重要意义。

　　随着智能优化算法的发展，出现了智能优化算法在液压元件优化上的应用，但未大量应用于射流管伺服阀的优化中。已有的应用也只是单一地借用有限元法、有限体积法与智能优化算法结合迭代，或者是单一地推导液压元件的一维物理模型，并结合智能优化算法进行优化。前者会消耗大量的计算资源与时间，后者虽然节省计算时间，但一维物理模型不能完全体现液压元件的物理特性。本书在两种方法的结合下，通过有限元法、有限体积法来修正射流管伺服阀的物理模型，使该物理模型能较充分地体现射流管伺服阀的物理特性，并借用该模型分析了阀的动、静态特性。结合修正后的物理模型和智能优化算法，以提高射流管伺服阀的动、静态特性为目标，对伺服阀的部分、整体结构参数进行了多目标优化，希望可以为射流管伺服阀的工程设计提供一定的理论参考和借鉴。

　　全书共分6章，具体安排如下：

　　第1章介绍了流体力学的基本理论、电液伺服阀的基本概念及多目标优化的简要理论。

　　第2章建立了射流管伺服阀的集中参数模型。

　　第3章采用有限元法分析了力矩马达的磁场特性，并利用数值分析结果修正了力矩马达的物理模型。根据修正后的物理模型，采用基于遗传的多目标优化算法对力矩马达的关键结构参数进行了优化。

第4章分析了前置级工作情况下的流场分布，并对前置级的结构参数进行了优化。

第5章建立了带有矩形槽的阀芯台肩与阀套间隙无因次侧压力分布的数学模型，利用三维数值分析对模型进行了修正，并通过实验测试了模型的准确性。

第6章利用基于等级激励制度的粒子群遗传混合多目标优化算法，对射流管伺服阀的主要结构参数进行了优化。

本书在出版过程中，得到了国家自然科学基金企业创新发展联合基金重点项目（项目号：U20B2029）和西安石油大学优秀学术著作出版基金的资助。在此一并表示感谢。

由于著者水平有限，书中难免存在错误和不足之处，恳请广大读者批评指正。

目　　录

第1章 绪 论

1.1 液压原理

液压传动原理模型如图 1-1 所示，它由推动筒 1 和推动筒 2 组成，中间用管道连接，内部充满了液体。如图 1-1(a)所示，当推动筒 1 的活塞向左移动时，筒 2 活塞在液力推动下向左移动；当筒 1 的活塞被拉动向右移动时，筒 1 右腔中液体进入筒 2 左腔，使得两腔压力升高，推动筒 2 活塞向右移动。若连续地推动筒 1 活塞，则液体连续地流经管道并推动筒 2 活塞运动，这就是液压传动的基本原理。

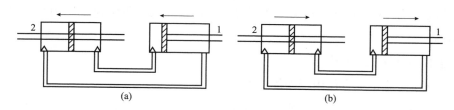

图 1-1　液压原理图

通过上述的液压传动基本原理，可归纳出液压传动的基本特点如下：

(1)采用液体作为工作介质；

(2)必须在封闭的容器内进行；

(3)以液体静压能为主；

(4)代表液压传动性能的主要参数是压力和流量。

1.2　流体力学基本理论

1.2.1　压力、流量、液压功率

图 1-2 所示，面积为 A 的平板承受液体压力的作用，其作用力为 F，则液体平均压力的定义为：

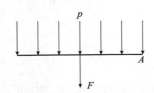

图 1-2　液体压力

$$p = \frac{P}{A} \qquad (1-1)$$

在液体的任意处有：

$$p = \lim_{\Delta F \to 0} \frac{\Delta F}{\Delta A} = \frac{\mathrm{d}F}{\mathrm{d}A} \qquad (1-2)$$

在压力均匀的表面上有：

$$p = \frac{F}{A} \qquad (1-3)$$

式中，A 为受力液面面积；ΔA 为包含任意点的微小面积；ΔF 为微小面积上的液体力。

压强一般称为压力，后文凡不特别声明，"压力"即压强。压力单位为 Pa 或 MPa。

液体静压力有三个特点：

(1) 压力总是垂直作用于固体壁的表面上；

(2) 任一点的压力为一定值，与方向无关(任一点的压力在各方向均相等)；

(3) 密闭容器中的液体，若其某处加以压力的作用，则此压力向容器内液体各点传递，且大小均相等。

如图 1-3 所示，液体在馆内流动，管子的截面积为 A，平均流速为 v，则液体流量的定义为：

$$Q = \frac{V}{t} = \frac{L \cdot A}{t} = vA \qquad (1-4)$$

严格的定义为：

$$Q = \int_A u_n \mathrm{d}A \qquad (1-5)$$

式中，Q 为流过 1 – 1 截面 A 的流量；V 为在 t 时间从 1 – 1 截面流过的液体容积；u_n 为截面上某一点法向流速（变量）；t 为时间；L 为在 t 时间内从 1 – 1 截面流过的液体容积在管内占有的长度；v 为平均流速。

如图 1 – 4 所示，利用液压举起重物，压力 p 使重量为 G 的物体以速度 v 上升，则液压在单位时间内所做的功——功率为：

$$N = Gv \tag{1 – 6}$$

设活塞面积为 A，则 $G = pA$，液体流量 $Q = Av$，故得：

$$P = pA \cdot \frac{Q}{A} = pQ \tag{1 – 7}$$

所以，液压功率可以用 pQ 来表示。

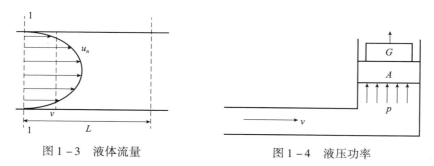

图 1 – 3　液体流量　　　　　　　　　图 1 – 4　液压功率

1.2.2　连续性原理

在理想流体中研究一个控制体系时，体系中有流量流入、流出，但流体质量在体系内均匀分布。

单位时间内流过某过流断面的液体质量叫质量流量，用 M 表示。

流出该体系表面积的流体净流量为：

$$Q = \iint_S (\vec{u} \cdot \vec{n})\,\mathrm{d}s = \iint_{S_1} (\vec{u} \cdot \vec{n})\,\mathrm{d}s + \iint_{S_2} (\vec{u} \cdot \vec{n})\,\mathrm{d}s = Q_{出} - Q_{入} \tag{1 – 8}$$

式中，S 为体系总的表面积；$\vec{u}$ 为表面积上的流速矢量；$\vec{n}$ 为表面积的法向矢量；S_1 为流出区域总表面积；S_2 为流入区域总表面积。

如果某截面 A 上的流速与该截面垂直且均匀分布，则流量可写成：

$$Q = Av \tag{1 – 9}$$

故平均流速为：

$$v = \frac{Q}{A} \qquad (1-10)$$

即横截面 A 上的流速 v 可由通过该截面的流量 Q 来计算。

在 Δt 时间内，流出控制体的净流体质量为 $\left[\iint_S (\rho\vec{u} \cdot \vec{n})\,\mathrm{d}s\right]\Delta t$；控制体内流

体质量的减少量为 $-\left(\frac{\partial}{\partial t}\iiint_V \rho\,\mathrm{d}V\right)\Delta t$。由质量守恒定律得：

$$M = \iint_S (\rho\vec{u} \cdot \vec{n})\,\mathrm{d}s = -\frac{\partial}{\partial t}\iiint_V \rho\,\mathrm{d}V \qquad (1-11)$$

由于流体质量在体系内均匀分布，变为：

$$M = \iint_S (\rho\vec{u} \cdot \vec{n})\,\mathrm{d}s = -\frac{\partial}{\partial t}(\rho V) \qquad (1-12)$$

即流出控制体的净质量流量等于该控制体中质量对时间的变化率。上述还可写成：

$$\iint_S (\rho\vec{u} \cdot \vec{n})\,\mathrm{d}s = -\frac{\partial}{\partial t}(\rho V) = -\left(\frac{\partial \rho}{\partial t}V + \rho\,\frac{\partial V}{\partial t}\right) \qquad (1-13)$$

式中，V 为控制体的容积。

式（1-13）右边第一项表示流体的压缩流量。由于 $\rho = \rho_0\left(1 + \frac{1}{\beta}p\right)$，可得：

$$\frac{\partial \rho}{\partial t}V = \rho_0\,\frac{V}{\beta}\frac{\mathrm{d}p}{\mathrm{d}t} \qquad (1-14)$$

式（1-13）右边第二项表示控制体容积发生变化所形成的流量。

对不可压缩流体，$\beta \to \infty$，$\frac{\partial \rho}{\partial t} = 0$，式（1-13）变为：

$$\iint_S (\vec{u} \cdot n)\,\mathrm{d}s = -\frac{\partial V}{\partial t} \qquad (1-15)$$

式（1-13）、式（1-15）称为连续性方程。

1）控制体积不变的连续性原理

对不可压缩流体，当管道、元器件内的流体容积不变化时，式（1-15）变为：

$$\iint_S (\vec{u} \cdot \vec{n})\,\mathrm{d}s = 0$$

即：

$$\sum Q_{出} = \sum Q_{入} \qquad (1-16)$$

这是液压传动中最基本的原理之一。

2）可变体积内的连续性方程

对于有能量交换的流体系统，由元件内壁包围的流体空间是变化的，而流体不可压缩。由式(1-15)得：

$$Q = -\frac{\partial V}{\partial t}$$或$$Q = -\frac{\Delta V}{\Delta t} \qquad (1-17)$$

即有能量交换的流体系统，流出的净流量等于其体积变化率的负值或体积减小的速率。

3）连续性原理的应用

（1）管道流动（不可压缩流体，刚性管，不分支）。

如图1-5所示，过流断面上使用平均流速，由于：

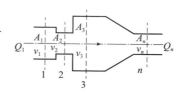

图1-5　管道流动

$$Q_1 = Q_2 = Q_3 = \cdots = Q_n$$

因此：

$$v_1 A_1 = v_2 A_2 = v_3 A_3 = \cdots = v_n A_n \qquad (1-18)$$

即流过同一通路上任意过流断面的流量相等。

（2）连通器。

如图1-6所示，由连续性原理可知 $Q_0 = Q_1 = Q_j$，则：

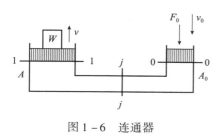

图1-6　连通器

$$v_0 A_0 = v A = v_j A_j \qquad (1-19)$$

可知系统中油泵和油缸部分的容积变化率均与流量相等，故而，连通器活塞运动速度之比等于它们底面积的反比。

至此可以看出，连续性原理将流体中各处的流速与输入、输出运动速度联系起来。

1.2.3　伯努利方程

研究重力场中的理想流体，利用能量守恒定律可得到基本方程——伯努利方程。

在同种连续理想流体中有：

$$z + \frac{p}{\gamma} + \frac{v^2}{2g} = C(\text{常数})$$

或写成：

$$z_1 + \frac{p_1}{\gamma} + \frac{v_1^2}{2g} = z_2 + \frac{p_2}{\gamma} + \frac{v_2^2}{2g} \qquad (1-20)$$

式中，z、$\frac{p}{\gamma}$、$\frac{v^2}{2g}$ 分别为单位质量流体的位置势能、压力势能、动能。

式(1-20)说明单位质量流体的总机械能各处不变，即流动中的流体 3 种机械能相互转化，总值不变。

(1)三项能量的量纲都是[L]，分别叫"××水头"，都用相对基准面的高度表示。

(2)对静止液体，$v=0$，式(1-20)变成：

$$z + \frac{p}{\gamma} = C \text{ 或 } z_1 + \frac{p_1}{\gamma} = z_2 + \frac{p_2}{\gamma}$$

即静止液体是流动液体的特殊情况，静压力方程是伯努利方程的特例。

(3)实际流体的伯努利方程。实际流体有黏性，流动存在摩擦损失。损失的能量也用单位质量流体的能量表示，称为损失水头 h'。当考虑能量交换时，伯努利方程变为：

$$z_1 + \frac{p_1}{\gamma} + \frac{v_1^2}{2g} \pm W = z_2 + \frac{p_2}{\gamma} + \frac{v_2^2}{2g} + h' \qquad (1-21)$$

式中，W 为输出或输入系统的外加能量。

伯努利方程描述了流体各种机械能之间的相互联系，使流体受力与运动、流速、流量及压力联系起来，成为工程中求解流体参数的重要手段，在工程应用需具备以下条件：

(1)恒定流动；

(2)不可压缩流体，不适用于气体；

(3)流动不发生突然变化或有其他能量损失，也没有能量输入或输出，否则伯努利方程将使用式(1-21)。

1.2.4 圆管流公式

圆管内的流动状态分层流与紊流两种，用雷诺数 Re 判定：当 $Re < 2320$ 时，为层流；当 $Re > 2320$ 时，为湍流。

Re 的表达式为：

$$Re = \frac{vd}{\nu} \qquad (1-22)$$

式中，v 为流速；d 为管直径；ν 为运动黏度。

如图 1-7 所示，设圆管长度为 l，之间的压力差为 Δp，层流时圆管截面上的速度分布成抛物线，抛物线上某点的流速为 u，则有下式：

$$u = \frac{\Delta p}{4\mu l}\left[\left(\frac{d}{2}\right)^2 - r^2\right] \qquad (1-23)$$

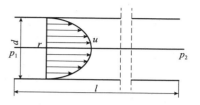

图 1-7　圆管内层流

式中，d 为管直径；μ 为动力黏度，$\mu = \rho v$。

故流量为：

$$Q = \int_0^{\frac{d}{2}} u 2\pi r dr = \frac{\pi d^4}{128\mu l}\Delta p \qquad (1-24)$$

平均流速为：

$$v = \frac{Q}{\pi d^4/4} = \frac{d^2}{32\mu l}\Delta p \qquad (1-25)$$

长度 l 上的压力差为：

$$\Delta p = \frac{32\mu l v}{d^2} = \frac{128\mu l}{\pi d^4}Q \qquad (1-26)$$

若引用管道摩擦系数 λ，则压力损失 Δp 通常为：

$$\frac{\Delta p}{r} = \lambda \frac{l v^2}{d 2g} \qquad (1-27)$$

此式适用于层流与湍流，只是 λ 应取不同数值。

层流时，取 $\lambda = \frac{64}{Re}$；湍流时，取 $\lambda = 0.316\,Re^{-1/4}$。

1.2.5　小孔节流公式

液体从小孔流出，如图 1-8 所示，在水平轴线上近似地建立伯努利能量方程为：

$$\frac{p_1}{\gamma} + \frac{v_1^2}{2g} = \frac{p_2}{\gamma} + \frac{v_2^2}{2g} \qquad (1-28)$$

设孔很小，$A_2 \ll A_1$，$v_2 \gg v_1$，忽略 v_1，则上式变为：

$$\frac{p_1}{\gamma} = \frac{p_2}{\gamma} + \frac{v_2^2}{2g}$$

故理论上流速为：

$$v_2 = \sqrt{\frac{2g}{\gamma}\Delta p} \qquad\qquad (1-29)$$

式中，Δp 为小孔前后压差，$\Delta p = p_1 - p_2$。

实验证明，小孔的实际流速比上述理论速度要小，故引入一个速度修正系数 φ，则孔口实际流速按下式计算，即：

$$v = \varphi\sqrt{\frac{2g}{\gamma}\Delta p} \qquad\qquad (1-30)$$

小孔流出还有一种射流收缩现象，即 $A_2 < A$，取 $A_2/A = \psi$，因此小孔的实际流量表达式应为：

$$Q = Av = \psi\varphi A\sqrt{\frac{2g}{\gamma}\Delta p} = CA\sqrt{\frac{2g}{\gamma}\Delta p} = CA\sqrt{\frac{2}{\rho}\Delta p} \qquad\qquad (1-31)$$

式中，C 为流量系数；A 为小孔截面积。

1.3　电液伺服阀

电液伺服控制技术综合了电气系统技术、软件系统技术、液压系统技术及控制系统技术，它是一门多学科技术，是现代控制技术与液压技术的重要部分。依托于该技术的电液伺服系统拥有抗负载刚度大、响应速度快、功率密度大、信号处理灵活、目标跟踪精度高等优点，由此它的应用领域遍及航天、航空、船舶等军事工业中，例如雷达天线、飞机舵面、航空矢量发动机、飞机起落架等，如图1-8所示。

电液伺服控制系统的一般构成包括伺服放大器、伺服阀、液压执行元件、被控对象和检测元件，属于典型的闭环控制系统。电液伺服阀是电液伺服控制系统的核心元件，它将微弱的电控信号按比例转换成高密度的液压功率，输出相应流量及压力，拥有多项优点，如可进行数字和模拟信号调节、可靠性高、控制精度高、动态特性好，因此被广泛应用在军事及民用的航空、航天、船海的液压系统及一些重型机械设备中，如电力、化工、冶金、工程机械等领域中。

(a)雷达天线   (b)飞机舵面

(c)航空矢量发动机   (d)飞机起落架

图 1-8   电液伺服控制系统的应用场景

1.3.1   电液伺服阀的应用背景

液压伺服控制技术的应用最早可以追溯到公元 240 年，到 18 世纪末至 19 世纪初期，该技术的进步应工业的发展需求而与日俱增，众多控制阀的原理被发现。德国 Askania 调节器公司及 Askanis-Werke 发明了射流管阀，该阀依据射流原理将流体能量从射流管转移到接收管，实现了射流流体能量向压力输出及流量输出的转换。在同一时期，Foxboro 发明了喷嘴挡板阀，此阀中的平面挡板随衔铁偏转，可与尖缘喷嘴喷出的高压油液形成可变液阻，并将可变液阻引入液压全桥或半桥，从而控制输出压力。射流管阀与喷嘴挡板阀的出现为今后伺服阀的研制与创新奠定了基调，如今这两种结构多数用于伺服阀的前置级来控制主功率级滑阀。在 1939 年到 1945 年期间，伺服阀通过压力差控制阀芯在阀套内运动，以调节压力与流量输出，该种阀为单级控制，通过螺线管直接驱动。在二战末期，随着军事需要及控制理论的发展，伺服阀开始迅速发展。二战结束后，英国的

Tinsiey 发明了两级滑阀，第一级中采用电磁铁推动先导阀芯，先导阀芯运动后产生的流体压力推动第二级滑阀中的阀芯。两级滑阀可以充分地利用流体压力，打破了单级阀芯中电磁推力不足的桎梏。在这期间，Raytheon 和 Bell 航空公司发明了带反馈的两级伺服阀。紧接着，麻省理工学院的动态分析与控制实验室对两级伺服阀的先导驱动与反馈方式进行了改进与创新。其中，先导驱动使用了永磁力矩马达，可使电能消耗大大降低，同时提高了阀的线性度；而反馈方式使用电反馈，即将二级阀芯的位移作为反馈信号，此举大大改善了阀的死区特性。1950年，美国人 William C. Moog 根据喷嘴挡板可变液阻的原理发明了单喷嘴弹簧反馈式挡板阀，该阀利用可变液阻与节流口配合控制第二级阀芯运动，同时将阀芯位移通过弹簧反馈到挡板偏转，形成闭环。20 世纪 50 年代中期，T. H. Carson 发明了拉簧反馈式两级伺服阀，利用机械结构使拉簧受力与阀芯位移成比例，并将反馈力作用于挡板衔铁组件，拉簧反馈可以有效地减小伺服阀的死区，提高了阀的动态性能；不久之后，William C. Moog 发明了双喷嘴两级伺服阀，双喷嘴比单喷嘴具有更好的对称性。同一时期，Wolpin 发明了干式力矩马达，以往的力矩马达都是浸在油液中的，易受污染而发生故障，干式力矩马达的出现消除了这种问题，提高了阀的可靠性。R. Atchley 在 1957 年根据射流管阀原理研究出了两级射流管伺服阀，随后在此基础上加入了电反馈，构成三级伺服阀，更进一步提高了可靠性。1960 年以后，多数伺服阀都为两级式，其中先导级使用干式力矩马达，二级滑阀利用机械反馈或电反馈，与第一级构成闭环，该种模式可使压力恢复达到一半，并可减小压力、温度对零位的影响。伺服阀由于生产成本高而主要被用于军事机械设备中，随着工业的发展，开始出现工业用伺服阀。1963 年，Moog 公司研制了 73 系列伺服阀产品，该阀专门用于工业设备。紧接着，工业用伺服阀如雨后春笋般出现。工业用伺服阀体积较大，易于生产，并拥有独立的先导级，通常被用于 14MPa 以下的低压环境。随着工业应用范围扩大，工业用伺服阀逐渐形成了系列和标准。Moog 德国公司产品主要集中在高压场合，一般工作压力在 21MPa，有的达到 35MPa。综合起来，电液伺服阀按照结构形式分为滑阀伺服阀、单喷嘴挡板阀双喷嘴挡板阀，射流管伺服阀和偏转板射流伺服阀。目前，国内外的工业中应用最广泛的是双喷嘴挡板阀和射流管伺服阀。

双喷嘴挡板阀通过两个喷嘴的背压差来驱动主功率滑阀，阀内部的最小尺寸为喷嘴与挡板的间隙，通常会小于 60μm；而射流管伺服阀是利用动量原理工作，通过控制喷嘴的位置来驱动主功率滑阀，其内部最小尺寸为喷嘴直径，通常大于200μm。伺服阀的抗污染能力一般由其内部最小尺寸来决定，因此射流管伺服阀的抗污染能力更强，不易受到腐蚀，具有使用寿命长和可靠性高等优点。此外，射流管伺服阀的放大器效率一般在70%以上，而喷嘴挡板阀的放大器效率只有50%。同时，国外的一些伺服阀制造公司大力推广射流管伺服阀，认为其为电液伺服阀的发展趋势。

但是，国外对射流管伺服阀的研究结果很少公布，且对中国实行技术封锁。美国将28MPa高频响射流管伺服阀列入禁止出口产品名录；高端射流管伺服阀不单独向国内出口，21MPa民用射流管伺服阀随部分燃机设备整机进口；国内进口俄罗斯某型军用产品时，对方提供了其他部件的技术资料，唯独未提供射流管伺服阀的技术资料。国内企业虽然也在研制射流管伺服阀，但由于起步晚，相较于国外的射流管阀的性能，仍有不小的差距。

1.3.2 射流管伺服阀的研究历程

20 世纪 40 年代出现了最早的射流管伺服阀，是由德国公司 ASKANIA 的 Aaskania-werke 研制，其原理是通过调整射流管与接收器的重叠面积来控制压力或流量输出，但由于关键技术难点问题，一直未得到广泛应用。同一时期，西门子公司开发了动圈式力矩马达，将其作为射流管的驱动部分，并第一次将其应用在航空领域。1945 年以后，各国对军事力量越发重视，对军事工业中的控制精度要求不断提高，而电液伺服控制系统中最核心元件为电液伺服阀，由此控制系统的发展带动了伺服阀的迅速发展。1946 年后，出现了两级伺服阀，利用先导级驱动阀芯，大大降低了驱动功率，如廷斯利开发了两级阀、贝尔公司研制了反馈式两级阀、麻省理工学院研制了力矩马达。不久后，各种先导级涌现，并出现了至今应用广泛的喷嘴阀。随着航空事业的发展，液压系统工作环境越发恶劣，这就要求伺服阀具有更强的抗污染能力，射流管阀逐渐被重视，尤其在解决了射流管阀的关键技术难点后，射流管阀迅速成为伺服阀的主流产品之一，应用较广泛的为 Abex400 系列。资料显示，截止到 1971 年，超过 9000 个 Abex410 伺服阀被装备在了国外民用飞机上，如在波音 707 、波音 720 、波音 727 、波音 737 等飞机上就大量使用了该型号射流管阀。同时，美国在战斗机上和轰炸机上也装备了大量的 Abex410 型射流管伺服阀。Parker 公司收购 Abex 公司后，将 Abex400

系列射流管阀改为 Parker400 系列，仍将其大量装备飞机的电液伺服系统中。

通过收集到的欧美射流管伺服阀资料可知，只有国外少数几家公司掌握着射流管伺服阀的关键技术。1967 年后，出现了各种形式的射流管伺服阀，主要有旋转配流式射流管伺服阀、射流配流器嵌入式射流管阀、接收器与滑阀一体式射流管阀、滑阀端面倾斜式射流管阀、失效快速返回中位的射流管阀。

20 世纪 70 年代起，MOOG 公司推出了自己的射流管伺服阀产品，主要型号有 208A、211A、214、215A、218、225A、225B、231、240、242、261 等，并大量装备在军事设备上。1979 年，HoneyWell 公司研制了机械弹簧反馈式射流管伺服阀，该阀内配置了可以分离液压组件与电气部分的挠性管，更加扩大了射流管伺服阀的应用场合，后被大量用于客机及战斗机的舵面控制中，如波音 B737 客机，F15、F16、F18、F22 空军战斗机，空客 A380 客机以及 JSF 战斗机等。射流管阀也被用于飞机的其他设备中，通用公司将其用于气体涡轮发动机的喷嘴面积控制，基本原理为：将气体温度作为反馈信号，作动器通过杆件连接喷嘴，利用射流管阀控制作动器往复运动，间接地控制喷嘴面积。此外，欧洲的 IN-LHC 公司也研制了各种型号的射流管伺服阀，其使用领域遍及军事与民用工业中。

日本 1952 年就开始了射流管阀的研究，但前期主要应用于自动生产线和水射技术，1970 年以后逐渐开始重视射流管阀的研究。在 Abex 公司生产 Abex400 系列时期，日本企业大批购进 Abex 射流管伺服阀，并将其推广，其中的岛津公司被授权生产 Abex 射流管伺服阀。俄罗斯同样重视射流管伺服阀的研制，并在滑阀处增加了位移传感器来检测阀芯位移，既可以作为反馈信号，也可用来判断伺服阀故障，当检测到故障时，系统自动切换备用通道，该项技术提高了伺服阀的可靠性。

国内在 1968 年开始研究射流管伺服阀，当时由沈阳长春的 113 厂等单位共同研发，并研发出样机，但由于各种原因而中断。在同一时期，704 研究所为船舶研制了 GM2 型电液伺服阀，但仍然无法适应船舶的恶劣环境。不久后，704 研究所与其他单位共同提出研制射流管伺服阀，并在 1977 年将其列入重点研究项目，经过多年攻关，在 1981 年通过了技术鉴定与实验鉴定，并投入使用。目前国内的各大电厂都在使用 704 研究所研制的 CSDY 系列射流管伺服阀，图 1 – 9 为 704 研究所研制的某型射流管伺服阀。射流管伺服阀由于其明显的优点，被国内其他的科研单位认可并投入研制，如中国运载火箭技术研究院第 1 研究所、中航工业总公司 609 所等。

(a)   (b)

图 1 - 9 某型射流管伺服阀

虽然国内的射流管伺服阀已经投入使用，但在一些控制精度要求高的应用场合仍存在许多问题，需要继续深入研究。为了解决射流管阀在调试中遇到的一些问题，曾广商分析了射流放大器的流量、压力特性，为阀的设计与调试提供了一定的理论依据；王志骏、鲁超英改进了射流管阀中弹簧管的加工工艺，提高了弹簧管的质量与生产效率；为了验证射流管阀在飞机刹车系统的适应性，何学工对比了喷嘴挡板阀与射流管阀的性能指标，并提出射流管阀的关键技术指标已经基本达到喷嘴挡板阀的性能要求；程雪飞以实验项目为背景，为射流管阀的稳定性考核提供了试验方法；为了研究主要结构参数对射流管阀的性能影响，金瑶兰利用 AMESim 软件搭建了射流管阀的仿真平台，并分析了主要结构参数对射流管阀的特性影响，为阀的设计提供了理论依据；为了提高射流管阀的调试效率，王莹提出了机电一体化调试方法，该方法操作简便，克服了因加工、安装所带来的误差；李松晶在射流管阀的力矩马达中加入了磁流体，提高了力矩马达的稳定性，改善了动态特性。

1.3.3 射流管伺服阀的发展趋势

射流管伺服阀是军事工业控制系统的关键元件，对提高系统性能有着重要的作用，因此国外对射流管阀的相关技术一直实行技术封锁，国内无法直接进口射流管伺服阀，只能随进口的民航客机、发电装置等民用设备中购入，严重制约了国内射流管阀的发展。

随着航空航天的工作环境日益恶劣，对抗污染能力强的射流管伺服阀需求越发增加，国内多个伺服阀的研制单位都十分重视射流管伺服阀的研发，如中航工业 609 所、618 所，中船重工 704 所，航天一院 18 所等。通过国内外关于射流管伺服阀的资料及性能要求可知，未来主要发展方向为射流管电反馈伺服阀、射流管压力伺服阀、插装式射流管伺服比例阀。

近年来，随着对伺服控制精度和频宽要求的不断提高，传统的机械式反馈结构已经越来越无法满足要求。顾瑞龙在 1986 首先提出以电反馈代替机械反馈，研制了样机，进行了实验测试，实验结果显示电反馈可以有效地提高伺服阀的频宽。美国的 MOOG 公司早就研制了 079 系列的电反馈三级伺服阀。电反馈式伺服阀具有调节方便、频率响应高等优势。

射流管压力伺服阀是输出压力随电控信号大小与极性变化的压力控制阀，被广泛应用在电液力伺服阀系统中，如车轮刹车系统、轧机张力控制系统、材料试验机、结构疲劳试验机等。

随着现代军事工业与民用工业中电液伺服系统的不断发展，对输出功率的要求越来越高，这就要求电液伺服阀具备更高压力、更大流量输出、更高动态响应。传统的电液伺服阀输出压力、流量较小，已经无法满足大型液压系统的需求，如在锻压、冶金、大型军事设备中。国外优先采用电液伺服阀和插装阀的集成控制技术，大大提高了电液伺服阀的功率输出，如 Bosch Rexroth 公司的 PES 系列插装阀、MOOG 公司的 DSHR 系列插装比例阀、Vickers 公司的 CVU 系列插装式比例阀等。国内还处于理论研究和样机测试阶段，如魏建华分析了各种类型的大流量插装比例阀、704 研究所研制了高频响的射流管式插装比例阀。

1.4 数值模拟技术在伺服阀中的应用

射流管伺服阀在工作时，其前置级内部存在着淹没射流、流固耦合等复杂流场现象，以往的集中参数建模忽略了这些流场现象，建立的模型准确度较低。数值模拟技术兴起后，出现了基于有限体积法的计算流体力学（Computational Fluid Dynamic，简称 CFD）软件，如 FLUENT。FLUENT 软件可以模拟各种复杂的流场，如层流、湍流、射流、流固耦合、传热等，其内部嵌入了多种高效的有限体积求解方法，具有较高的求解速度和精度，尤其在动网格技术上有着突出的优势。国内已经有许多研究者使用 FLUENT 软件对伺服阀的流场做了分析。为了验证 CFD 计算的准确性，龙靖宇利用 FLUENT 软件分析了双喷嘴挡板阀的压力、流量特性，并将数值模拟结果与实验数据对比，结果验证了 CFD 计算的有效性，这为伺服阀的设计与分析节省了大量的时间与资源成本；为提高伺服阀的动态特性，吕庭英使用 FLUENT 软件分析并计算了滑阀中的稳态液动力；为了解决伺服阀的啸叫问题，陈元章采用 CFD 方法分析了阀内部的流场分布，发现伺服阀工作时会在其内部形成一个负压区，由此产生了啸叫现象，并通过改进阀内部结构解决了啸叫问题；考虑到不同介质的流体特性，李茹平运用 FLUENT 软件分析了不同介质、不同结构参数下的伺服阀内部流场特性；谢志刚采用 FLUENT 软件分析了射流管在不同工作状态下的流场分布，并根据分析结果拟合了压力、流量特性的线性方程，为伺服阀的主要结构参数选择提供了理论依据；冀宏分析了在静态下，射流管不同偏转角度时的恢复压力与负载流量，并拟合了恢复压力和负载流量随射流管喷嘴角度变化的公式，为射流放大器结构参数的选取与优化提供了一定的理论依据。

伺服阀的先导级驱动广泛采用力矩马达，力矩马达中的电磁场分布也可用数值模拟技术进行分析。ANSOFT 公司开发的 Maxwell 软件是基于麦克斯韦方程组的有限元分析软件，该软件功能强大，求解精度高，可对二维或三维结构的电磁场进行仿真分析，可进行多种电磁场的有限元分析，如静磁场、电场、涡流场及瞬态场等。力矩马达是电液伺服阀的重要组成部分，利用有限元方法可以更加精确地分析力矩马达的内部磁场特性，并进行结构优化。李跃松利用有限元软件优化了超磁致伸缩射流管伺服阀的磁场结构参数。李松晶在力矩马达中添加了磁流体，并利用有限元软件分析了力矩马达在添加磁流体后的性能。

综上所述，数值模拟技术已经广泛应用于射流管伺服阀的分析与优化，但分析通常是静态的、无关联的，优化的目标也是单一的。在伺服阀前置级的流场分析中，只考虑到射流管液压放大器静态下的流场分布，而伺服阀工作时的内部流场十分复杂，存在着阀芯运动与流体间的流固耦合、射流管偏转时的淹没射流、接收孔中的反向射流，这些都是静态下无法分析到的。在优化设计中，只是考虑单一的优化目标，如在射流液压放大器的优化中，只是考虑静态下的最大流量输出，未考虑动态下的超调量、调节时间等动态性能；在力矩马达的优化设计中，只是单一地考虑最大输出力矩或动态特性，而未综合考虑动、静态特性；在伺服阀的整体优化中，未考虑到阀的体积参数。因此，本章结合数值模拟技术，对射流管伺服阀的整体与部分进行了动态分析，并综合考虑动、静态特性，对其结构参数进行了多目标优化。

1.5　多目标优化算法

多目标优化问题要求同时优化两个或多个目标函数，数学上的描述为：根据取值范围与求解目的，设定解空间 X 和目标函数 f_1，f_2，$\cdots$，f_n，求解最大化或最小化的多目标优化问题是找到解 x^* 使得 $f(x) = [f_1(x)，f_2(x)，\cdots，f_n(x)]$ 取得的最大值或最小值。在通常情况下，这些目标相互冲突，即当优化一个目标时其他目标值会下降或升高。因此，多目标优化问题需要按照预定标准得到一个最优解集，这个标准就是 Pareto 最优化，并使用序关系排列。若进行最大值的多目标优化，定义序关系为：$\forall x \in X$，$\forall x' \in X$，$f_i(x)$、$f_i(x')$ 分别为目标函数，在 $1 \leqslant i \leqslant n$ 范围内有 $f_i(x) \geqslant f_i(x')$，则称 x 弱支配 x'；若 x 弱支配 x' 且对于 i 有 $f_i(x) > f_i(x')$，则称 x 支配 x'。根据支配关系，定义 Pareto 最优：如果在解空间 X 中没有支配 x 的解，则称解 x 为多目标优化的 Pareto 最优解。若一个解集合只包含 Pareto 最优解，则称这个集合为 Pareto 集合。对应 Pareto 集合的目标函数构成的集合称为 Pareto 前沿。

常用的多目标优化算法主要有古典的、基于遗传算法的和基于粒子群的。

1.5.1　多目标古典优化算法

多目标古典优化算法是早期的多目标优化处理方法，其基本原理为：将多个优化目标函数按照一定的算法组合成一个优化目标函数，转化为单目标优化问题。多目标古典优化方法主要有约束最优法和线性加权最优法。

（1）约束最优法是将一个多目标优化问题中所有目标函数，根据问题本身或实际应用需求选取多个目标中的某一个目标作为单目标优化，再通过设定上、下界将其他的目标函数转化为单目标优化，因此称为约束优化。

（2）线性加权最优法是通过先验知识或对问题优化目标的分析将权重分配给每个目标函数，并求取加权和转化为单目标函数。

1.5.2 多目标优化遗传算法

遗传算法是模拟自然界生物进化过程的一种随机智能算法，其主要操作为染色体的选择、交叉和变异。在多目标优化问题进行求解过程中，遗传算法的操作特点有着显著的优点。遗传算法是对由 N 个个体组成的种群进行遗传操作，这种算法的搜索方式是基于种群的，利于实现问题解空间搜索的全局性和多向性，且具备良好的通用性。

多目标遗传算法中的 NSGA -2 算法的计算复杂度为 $O(N^2)$，有效地使算法效率得到提高，使得当前群体 Pareto 前沿中的个体可以扩展到全局 Pareto 前沿，具有较好的分布性。

1.5.3 多目标优化粒子群算法

粒子群优化源于对鸟群行为的模拟，是以种群为基础的搜索算法，在搜索过程中粒子间交换信息，并通过更新粒子的速度与位置向优秀个体移动。利用粒子群算法进行多目标优化时，会有多个通过种群搜索得到的最优解与通过粒子个体搜索到的最优解，从而有多个不受支配的解同时存在，需要在多个最优解中做出选择。由此可知，多目标优化粒子群算法的主要内容为粒子个体信息的更新、种群外部保护、选择全局最优解及种群中的所有粒子保持在搜索空间内实现搜索。

第2章　射流管伺服阀的数学模型

建立射流管伺服阀准确的数学模型对于其动静态分析、优化设计及对液压系统的研究具有重要的意义，研究人员一直不断地完善射流管伺服阀的数学模型。一些研究者只是针对射流管伺服阀局部结构进行建模分析，部分研究者建立了整阀的数学模型，但忽略了射流管伺服阀的磁滞、摩擦等非线性特性。本章在前人的基础上，详细分析了射流管伺服阀的各部分结构，建立了整阀的非线性模型。该模型中包含磁滞非线性、侧压摩擦特性及反向液流力特性，更加翔实地反映了射流管伺服阀的物理特性。

2.1　射流管伺服阀的结构及工作原理

射流管伺服阀的结构图如图2-1所示，图2-1(a)为正视图，图2-1(b)为左视图。

射流管伺服阀的组成可以分为四大部分，分别为干式动铁永磁力矩马达、射流管液压放大器、滑阀组件、衔铁-反馈组件，各部分通过机械、液压反馈关系协同工作。下面说明射流管电液伺服阀的工作原理。

力矩马达与流体分离，采用干式结构，避免了流体污染，利用永磁体提供稳定磁场，上下导磁体间的衔铁-反馈组件依靠弹簧管支撑，弹簧管下接射流管，射流管与接收器构成了伺服阀的前置液压放大器。给衔铁上的线圈通入控制电流 i，由于磁场的相互作用，衔铁会产生一个偏转角度 θ，同时带动下端的射流管发生偏转，射流管的喷嘴近似发生平动位移 x_p，喷嘴喷射的高压油液以不同的流量进入两个接收孔，以此在阀芯两端形成压力差（$\Delta p = p_1 - p_2$），阀芯在压差作用下向 x_p 逆方向运动，并带动反馈杆端点移动位移，直到阀芯上受到的力达到动力学平衡。此时，衔铁上作用的电磁力矩、反馈杆产生的力矩、弹簧管产生的力矩、喷嘴上受到的反向液流力矩以及扭丝、进油管、板簧产生的力矩达到平衡，阀芯处于动态平衡状态，形成与控制电流成比例的负载压力或流量。

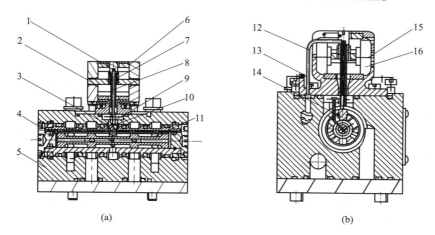

(a)   (b)

图 2 - 1　射流管伺服阀结构图

1—弱导磁性材料；2—衔铁和线圈；3—接收孔；4—阀芯；5—阀套；6—强导磁性材料；
7—弹簧管；8—射流管；9—喷嘴；10—溢流腔；11—O 形密封圈；12—进流管；
13—安全丝(扭丝)；14—反馈杆；15—板簧；16—永久磁铁。

2.2　力矩马达的数学模型与动态分析

本章研究的射流管伺服阀的力矩马达为动铁式结构，即其中的衔铁旋转方向与工作气隙磁通密度方向平行，其简化结构如图 2 - 2 所示，主要由上下导磁体、永久磁铁、衔铁、弹簧管、控制线圈组成。

动铁式力矩马达具有动态响应快、自振频率较高、零源性好等优点，适合作为喷嘴挡板阀、射流管阀的先导级。在图 2 - 2 所示的力矩马达结构图中，衔铁上套有控制线圈，上、下导磁体与衔铁两端面形成 4 个工作气隙①、②、③、④。弹簧管在下端支撑着衔铁，无电流输入时，衔铁处于平衡位置，当有电流输入时，衔铁在图 2 - 2 的平面内逆时针或顺

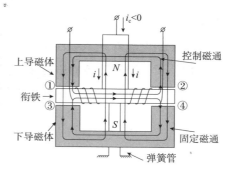

图 2 - 2　动铁式力矩马达机构及
工作原理

指针转动，且衔铁的转动角度被 4 个气隙的厚度限制。根据永磁体形成的磁场，磁路沿着上、下导磁体在 4 个气隙间形成方向相同的极化磁场，无电流输入时，只有永磁铁形成的固定磁通，4 个气隙中的磁通大小相等，因此衔铁所受到的电磁力大小与方向都相同，衔铁不会偏转；当套在衔铁上的线圈通入电流后，通电线圈会产生控制磁通，控制磁通穿过衔铁、气隙、导磁体，形成回路，控制磁通与固定磁通在气隙间相互作用，打破衔铁上的电磁力平衡，促使衔铁偏转。如图 2-2 所示，当控制电流 $i_c < 0$ 时，根据右手定则，通入电流的线圈在衔铁中生成控制磁通，控制磁通方向如图中箭头所示，在气隙①、④中磁通方向相同而相加，在气隙②、③中的磁通方向相反而相减，电磁吸力大小与磁通大小成正比，气隙①、④中受到的电磁吸力大于气隙②、③中受到的电磁吸力，因此衔铁受到的电磁合力矩为顺时针，衔铁会向顺时针方向转动。由电磁学中气隙磁导和气隙磁压降带入 Maxwell 电磁吸力公式为：

$$F = 5.1 \times 10^{-8} U^2 \frac{dG}{dx} \tag{2-1}$$

式中，F 为电磁吸力；U 为气隙的磁压降；G 为气隙的磁导；x 为衔铁位移。

由式（2-1）可知，只要求出力矩马达的气隙磁导 G 与气隙磁压降 U，即可求出与力矩马达的结构参数关联的电磁吸力公式，进而求出力矩马达的电磁力矩公式。

磁路中磁阻的计算公式为：

$$R = \frac{l}{\mu A} \tag{2-2}$$

式中，R 为磁阻；l 为磁路长度；$\mu = \mu_r \mu_0$ 为导磁率；A 为磁极面面积；μ_r 为相对导磁率；μ_0 为空气导磁率。

设定控制电流 i_c 通入线圈中，通电线圈与永磁体的磁场相互作用生成力矩，该力矩促使衔铁顺时针转动角度 θ。根据对称的结构，可以假定斜角相对的工作气隙的磁阻相等，从而可以得到工作气隙的磁导与磁阻的表达式：

$$R_1 = \frac{g - x}{\mu_0 A_g} \tag{2-3}$$

$$R_2 = \frac{g + x}{\mu_0 A_g} \tag{2-4}$$

$$G_1 = \frac{\mu_0 A_g}{g - x} \tag{2-5}$$

$$G_2 = \frac{\mu_0 A_g}{g + x} \tag{2-6}$$

式中，R_1 为①、④的磁阻；

R_2 为②、③的磁阻；G_1 为①、④ 的磁导；A_g 为磁极面的面积；G_2 为气隙②、③的磁导；g 为衔铁在中立位置时每个气隙的厚度。

不考虑非工作气隙的磁阻与磁性材料的磁阻，只分析 4 个工作气隙的磁阻，根据图 2-2 所示的磁路分布，可画出等效磁路，如图 2-3 所示。图中 R_1、ϕ_1 分别为气隙①、④磁阻和磁路，R_2、ϕ_2 分别为气隙②、③的磁阻和磁通，T_c 为通电线圈的磁势，T_p 永久磁铁的磁势。根据磁路的欧姆定律可知，$T = R \cdot \phi$。

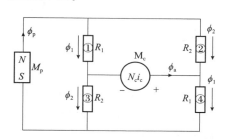

图 2-3　力矩马达的等效磁路图

磁路的分析可以采用叠加原理，将力矩马达的等效磁路分解成固定磁势单独作用的磁路和控制磁势单独作用的磁路，图 2-4、图 2-5 所示为分解后的等效磁路图。

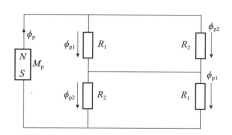

图 2-4　固定磁势等效磁路图

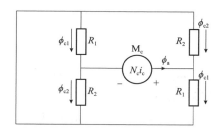

图 2-5　控制磁势等效磁路图

ϕ_{p1} 为气隙①、④的固定磁通，ϕ_{p2} 为气隙②、③的固定磁通。ϕ_{c1} 为气隙①、④的控制磁通，ϕ_{c1} 为气隙②、③的控制磁通，控制线圈的匝数为 N_c，控制电流为 i_c。

根据磁路柯西荷夫第二定律，沿着闭合磁回路同一方向，磁路的磁势等于磁压降的代数和。在图 2-4 上选择两个各包含着斜角相对桥臂并且又都包含着固定磁势 T_p 的磁回路，列出固定磁势和磁压降的平衡方程式如下：

$$\begin{cases} \phi_{p1} R_1 + \phi_{p1} R_1 = T_p \\ \phi_{p2} R_2 + \phi_{p2} R_2 = T_p \end{cases} \tag{2-7}$$

即:

$$\phi_{p1}R_1 = \phi_{p2}R_2 = \frac{T_p}{2} \qquad (2-8)$$

同理,列出图 2 – 5 中的控制磁势和磁压降的平衡方程式如下:

$$\begin{cases} \phi_{c1}R_1 + \phi_{c1}R_1 = T_c \\ \phi_{c2}R_2 + \phi_{c2}R_2 = -T_c \end{cases} \qquad (2-9)$$

即:

$$\phi_{c1}R_1 = \frac{T_c}{2}, \quad \phi_{c2}R_2 = -\frac{T_c}{2} \qquad (2-10)$$

式(2 – 10)中的负号说明气隙②、③的实际磁通方向与图中相反。

根据叠加原理,将式(2 – 7) ~ 式(2 – 10)得到的磁压降相加,即可得到工作气隙的总磁压降为:

$$U_1 = \phi_{p1}R_1 + \phi_{c1}R_1 = \frac{T_p}{2} + \frac{T_c}{2} \qquad (2-11)$$

$$U_2 = \phi_{p2}R_2 + \phi_{c2}R_2 = \frac{T_p}{2} - \frac{T_c}{2} \qquad (2-12)$$

式中,U_1 为气隙①、④的总磁压降;U_2 为气隙②、③的总磁压降。

为了计算与推导的方便,用固定磁密 B_p 来表示固定磁势 T_p。当衔铁位于中立位置时,磁通与磁势的关系为:

$$\phi_g R_g = \frac{T_p}{2}, \quad \phi_g = \frac{T_p}{2R_g} \qquad (2-13)$$

式中,ϕ_g 为衔铁在中立位置时每个气隙的固定磁通;R_g 为衔铁在中立位置时每个气隙的磁阻。

将式(2 – 13)代入到磁密表达式得到:

$$B_p = \frac{\phi_g}{A_g} = \frac{1}{A_g}\frac{T_p}{2R_g} = \frac{1}{A_g}\frac{T_p}{\dfrac{2g}{\mu_0 A_g}} = \frac{\mu_0 T_p}{2g} \Rightarrow T_p = \frac{2B_p g}{\mu_0} \qquad (2-14)$$

控制磁密为 B_c,同理得到控制磁势与磁密关系为:

$$T_c = \frac{2B_c g}{\mu_0} \qquad (2-15)$$

将式(2 – 14)、式(2 – 15)代入到式(2 – 11)、式 (2 – 12)中得到:

$$U_1 = \frac{B_p g}{\mu_0} + \frac{B_c g}{\mu_0} \qquad (2-16)$$

$$U_2 = \frac{B_p g}{\mu_0} - \frac{B_c g}{\mu_0} \qquad (2-17)$$

将磁阻、磁导表示式(2-3)~式(2-6)和式(2-16)、式(2-17)代入到磁力表示式(2-1)中，得到：

$$F_1 = 5.1 \times 10^{-8} \left(\frac{B_p g}{\mu_0} + \frac{B_c g}{\mu_0} \right)^2 \frac{\mathrm{d}}{\mathrm{d}x} \left(\frac{\mu_0 A_g}{g-x} \right) = 5.1 \times 10^{-8} \left(\frac{B_p g}{\mu_0} + \frac{B_c g}{\mu_0} \right)^2 \frac{\mu_0 A_g}{(g-x)^2}$$

$$(2-18)$$

$$F_2 = 5.1 \times 10^{-8} \left(\frac{B_p g}{\mu_0} - \frac{B_c g}{\mu_0} \right)^2 \frac{\mathrm{d}}{\mathrm{d}x} \left(\frac{\mu_0 A_g}{g+x} \right) = -5.1 \times 10^{-8} \left(\frac{B_p g}{\mu_0} - \frac{B_c g}{\mu_0} \right)^2 \frac{\mu_0 A_g}{(g+x)^2}$$

$$(2-19)$$

衔铁的转轴到气隙中心的距离为 a，根据力矩公式 $T_d = 2aF_1 - 2aF_2$，可得到：

$$T_d = 2a \times 5.1 \times 10^{-8} \left[\left(\frac{B_p g}{\mu_0} + \frac{B_c g}{\mu_0} \right)^2 \frac{\mu_0 A_g}{(g-x)^2} - \left(\frac{B_p g}{\mu_0} - \frac{B_c g}{\mu_0} \right)^2 \frac{\mu_0 A_g}{(g+x)^2} \right]$$

$$(2-20)$$

将上式推导整理后，可得到：

$$T_d = \frac{10.2a \times 10^{-8}}{\left[1 - \left(\frac{x}{g} \right)^2 \right]^2} \left\{ \frac{4 B_p^2 A_g x}{\mu_0 g} \left[1 + \left(\frac{B_c}{B_p} \right)^2 \right] + \frac{4 B_p B_c A_g}{\mu_0} \left[1 + \left(\frac{x}{g} \right)^2 \right] \right\} \quad (2-21)$$

在设计力矩马达时，为了改善其静特性的直线型和静稳定性，需要使 $x/g < 1/3$，即 $(x/g)^2 \ll 1$，同时为了防止控制磁通对永久磁通失去作用，需要使 ϕ_c 尽量小于 ϕ_g，即 $(\phi_c/\phi_g)^2 \ll 1$，又由于 $x \approx a\theta$。所以式(2-21)可以化简为：

$$T_d = \frac{40.8a \times 10^{-8} B_p^2 A_g x}{\mu_0 g} + \frac{40.8 \times 10^{-8} B_p B_c A_g}{\mu_0} \quad (2-22)$$

由式(2-15)知：

$$B_c = \frac{\mu_0 T_c}{2g} \quad (2-23)$$

衔铁上通电线圈的磁滞和磁饱和是不可忽略的，Vahid Hassani 等研究认为，磁势和电流的关系可由 Duhen 模型给出，即：

$$T_c = c i_c + \mathrm{d}(i_c) \quad (2-24)$$

$$\mathrm{d}(i_c) = (T_{c0} - c i_{c0}) \mathrm{e}^{-\alpha(i_c - i_{c0})\mathrm{sgn}(\dot{i}_c)} + \mathrm{e}^{-\alpha i_c \mathrm{sgn}(\dot{i}_c)} \int_{i_{c0}}^{i_c} (B_1 - c) \mathrm{e}^{\alpha \zeta \mathrm{sgn}(\dot{i}_c)} \mathrm{d}\zeta$$

$$(2-25)$$

式中，c、α、B_1 均为常数，且满足 $c > B_1$；T_{c0}、i_{c0} 为初值；ζ 为积分标量。

力矩马达的衔铁材料为易磁化的铁磁合金 1J50，B-H 关系如表2-1所示。

根据 Arash Bahar 等提出的辨识方法，得到 Duhen 模型参数为：

$$c = 1.1635,\ \alpha = 1,\ B_1 = 0.345 \tag{2-26}$$

表 2-1 1J50 B-H 曲线表

H/(A/m)	0	3	6	8	9	15	20	30	50
B/T	0	0.067	0.13	0.2	0.3	0.56	0.7	0.8	0.9
H/(A/m)	70	150	200	300	400	500	600	700	1000
B/T	0.91	1.15	1.18	1.25	1.3	1.32	1.35	1.38	1.4

由式(2-22)~式(2-25)得到力矩马达的电磁力矩为：

$$T_{\mathrm{d}} = \frac{40.8a \times 10^{-8} B_{\mathrm{p}}^2 A_{\mathrm{g}} a}{\mu_0 g} \theta + \frac{20.4 \times 10^{-8} B_{\mathrm{p}} A_{\mathrm{g}} a N_{\mathrm{c}} c}{g} i_{\mathrm{c}} +$$

$$\frac{20.4 \times 10^{-8} B_{\mathrm{p}} A_{\mathrm{g}} a N_{\mathrm{c}}}{g} \mathrm{d} i_{\mathrm{c}} \tag{2-27}$$

上式可写为：

$$T_{\mathrm{d}} = K_{\theta} \theta + K_{\mathrm{t}} (c i_{\mathrm{c}} + d(i_{\mathrm{c}})) \tag{2-28}$$

式中：

$$K_{\mathrm{t}} = \frac{20.4 \times 10^{-8} B_{\mathrm{p}} A_{\mathrm{g}} a N_{\mathrm{c}}}{g},\quad K_{\theta} = \frac{40.8a \times 10^{-8} B_{\mathrm{p}}^2 A_{\mathrm{g}} a}{\mu_0 g}$$

K_{t} 为力矩马达的中位电磁力矩系数；当衔铁偏转角度 θ 时，由于气隙的磁通变化而生成额外的力矩 $K_{\theta}\theta$，此力矩与衔铁偏转角度成正比，其中的 $K_{\theta}\theta$ 与弹簧刚度相似，由此称为电磁弹簧刚度。

如图 2-6(b)所示，弹簧管上端固定在衔铁上，下端因阀芯位移会发生变形，弹簧管起始端位移为：

$$x_{\mathrm{t}} = x_{\mathrm{g}} + r_1 \theta \tag{2-29}$$

式中，x_{t} 为弹簧管起始端的位移；x_{g} 为衔铁反馈组件重心的平动位移；r_1 为弹簧管起始端和衔铁-反馈杆组件重心的距离。

弹簧管上端固定，可将其视作悬臂梁，根据材料力学，弹簧管的刚度系数可以由下式得到：

$$\begin{cases} K_{11} = EI/(L^3/12) \\ K_{12} = K_{21} = EI/(-L^2/6) \\ K_{22} = EI/(L/4) \end{cases} \tag{2-30}$$

式中，K_{11}、K_{12}、K_{21} 和 K_{22} 为弹簧管的刚度系数；E 为弹簧管的杨氏模量；I 为弹簧管的转动惯量；L 为弹簧管长度。

根据多自由度动力学和材料力学，由弹簧管偏转而产生的力和力矩为：

$$\begin{cases} F_{\text{tube}} = K_{11}x_{\text{t}} + K_{12}\theta \\ T_{\text{tube}} = K_{21}x_{\text{t}} + K_{22}\theta \end{cases} \tag{2-31}$$

式中，F_{tube} 为弹簧管偏转产生的力；T_{tube} 为弹簧管偏转产生的力矩。

射流管伺服阀的弹簧管与反馈杆嵌套在一起，如图 2-6 所示，反馈杆的形状呈弧形，其结构特殊不能视作悬臂梁，可采用有限元法分析反馈杆的刚度系数。CATIA 是一款综合了 CAD/CAE/CAM 的软件，普遍用于机械设计与计算，该软件不仅拥有强大的设计功能，还具备优秀的有限元结构分析能力。利用 CATIA 对反馈组件进行结构分析，建立三维模型如图 2-6 所示，材料属性给定为：杨氏模量为 $1.3 \times 1011\text{N/m}^2$，泊松比为 0.35，密度为 8230kg/m^3，屈服强度为 $1.128 \times 10^9\text{N/m}^2$。

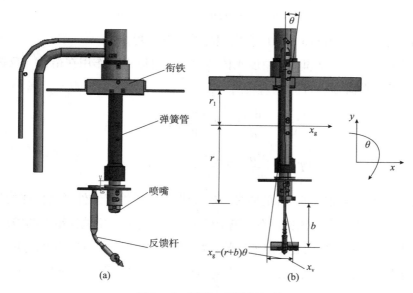

图 2-6　衔铁-反馈杆组件

采用静态分析时，将反馈杆件上端固定，规定力矩逆时针方向为正，反馈杆件受力向左为正，对反馈杆件底部施加力，图 2-7 为反馈杆件受力后的位移云图。对反馈杆件底部施加不同力，得到反馈杆底端位移随载荷变化曲线如图 2-8 所示，由此可以得到反馈杆的刚度 $K_{\text{f}} = 2.5 \times 10^3\text{N/m}$。

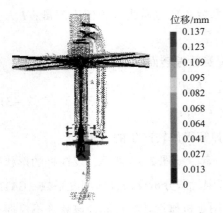
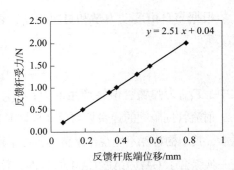

图2-7 反馈杆件受力后的位移云图　　图2-8 反馈杆底端位移随载荷变化曲线

反馈杆底端的实际位移为 $x_g - (r+b)\theta - x_v$，则反馈杆变形所生成的力和力矩为：

$$\begin{cases} F_f = K_f \big[(r+b)\theta + x_v - x_g \big] \\ T_f = K_f \big[(r+b)\theta + x_v - x_g \big](r+b) \end{cases} \qquad (2-32)$$

式中，F_f 为反馈杆的反馈力；T_f 为反馈杆的反馈力矩。

应用牛顿第二定律和多自由度刚体动力学，可以得到作用在衔铁-反馈杆组件的力和力矩平衡方程为：

$$\begin{cases} F_f = m_a \dfrac{\mathrm{d}^2 x_g}{\mathrm{d}t^2} + B_a \dfrac{dx_g}{\mathrm{d}t} + F_{tube} + F_{flow} \\ T_d = J \dfrac{\mathrm{d}^2 \theta}{\mathrm{d}t^2} + B_r \dfrac{\mathrm{d}\theta}{\mathrm{d}t} + T_{tube} + T_f - T_{flow} \end{cases} \qquad (2-33)$$

式中，m_a 为衔铁-反馈杆组件的质量；B_a 为衔铁-反馈杆组件平动位移的阻尼系数；F_{flow} 为接收器反向液流作用在喷嘴上的力；J 为衔铁-反馈杆组件的转动惯量；B_r 为衔铁-反馈杆组件的旋转阻尼系数；T_{flow} 为接受器反向液流产生的力矩。

综合上述公式，得到电流 i、衔铁偏转角度 θ 及阀芯位移 x_v 之间的关系式为：

$$K_t c (m_a \ddot{i}_c + B_a \dot{i}_c + K_f i_c + K_{11} i_c) + K_t [m_a \ddot{d}(i_c) + B_a \dot{d}(i_c) + K_f d(i_c) + K_{11} d(i_c)] =$$

$$J m_a \ddddot{\theta} (JB_a + B_r m_a) \dddot{\theta} + (JK_f + JK_{11} + B_r B_a) \ddot{\theta} + B_r (K_f + K_{11}) \dot{\theta} + B_a [K_{21}r + K_{22} +$$

$$K_f (r+b)^2 - K_\theta] \dot{\theta} + [K_{21}r + K_{22} + K_f (r+b)^2 - K_\theta] (K_f + K_{11}) \theta +$$

$$K_f (r+b) m_a \ddot{x}_v + K_f B_a (r+b) \dot{x}_v + K_f (r+b)(K_f + K_{11}) x_v -$$

$$[K_{21} - K_f (r+b)] F_{flow} - m_a \ddot{T}_{flow} - B_a \dot{T}_{flow} - (K_f + K_{11}) T_{flow} \qquad (2-34)$$

2.3 射流放大器的数学模型及动态分析

2.3.1 射流管喷嘴的自由紊动射流

射流状态可分为两种，即非淹没射流与淹没射流，当射流处在不同的流体密度中，称为非淹没射流，若射流周围的流体与射流流体密度相同时，则为淹没射流。淹没射流的流场在较长一段区域内不会出现雾状分裂现象，且流体中不会混入空气，因此选用淹没射流作为射流液压放大器的射流方式。

射流管喷嘴出射的流体以初始速度 u_0 与其四周无运动的液体作用后形成速度间断面，各间断面上的流体速度不相同且不连续。根据紊动流体力学，速度间断面上的流体是波动的，必然会发展成涡旋，进而形成紊动。紊动会将起初静止的液体卷吸入射流，引起射流卷吸现象。卷吸入射流的流体会与射流一起运动，并随着紊动的扩展而增多，这将会使射流的边界沿着流程不断地向两侧扩展。由于射流边缘部分与静止的液体发生了动量交换，其中的一部分动能传递给了静止液体，从而降低了流速。随着流程的增加，射流与周围液体的混合区域从射流边缘逐渐向中心扩张，当混合区域发展到射流的中心时，射流全部发展成为紊流。射流未受扰动并保持初始速度 u_0 的中心部分称为射流势流区，射流与周围液体混合的边缘部分称为混合紊动层。从射流出射口到势流末端的区域称为射流初始段。当射流充分发展为紊流后的区域称为主体段。在初始段和主体段间还有一个较小的区域，称为过渡段。

射流管伺服阀的喷嘴射流为轴对称射流，轴对称自由紊动射流的流场结构如图 2 - 9 所示。根据动量守恒定律，射流的各断面动量通量相等，并与出口断面的动量通量相等，即：

$$\int_0^\infty \rho u^2 \cdot 2\pi t dr = \rho u_0^2 \pi r_0^2 \quad (2-35)$$

式中，u 为出口断面的流速；r 为出口断面的半径。

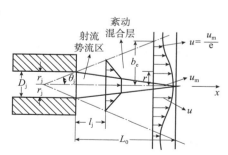

图 2 - 9 紊动射流的流场结构

主体段各断面的流体速度分布具有相似性，则可得到：

$$\frac{u}{u_\mathrm{m}} = f\left(\frac{r}{b}\right) = \exp\left[-\left(\frac{r}{b}\right)^2\right] \tag{2-36}$$

取 b_e 作为特征半厚度，当 $r = b_\mathrm{e}$ 时，$u = u_\mathrm{m}/e$，以其代入式积分得：

$$\int_0^\infty u^2 \cdot 2\pi r \mathrm{d}r = \frac{\pi}{2} u_\mathrm{m}^2 b_\mathrm{e}^2 = u_\mathrm{j}^2 \frac{\pi D^2}{4} \tag{2-37}$$

设射流厚度线性扩展，即：

$$b_\mathrm{e} = cx \tag{2-38}$$

代入上式得：

$$\frac{u_\mathrm{m}}{u_\mathrm{j}} = \frac{1}{\sqrt{2}c}\left(\frac{D}{x}\right) \tag{2-39}$$

根据 Jensen 等的实测资料，$c = 0.114$，则上式变为：

$$\frac{u_\mathrm{m}}{u_\mathrm{j}} = 6.2\frac{D}{x} \tag{2-40}$$

图 2-9 中 l_j 为接收器与射流管喷嘴间的距离。L_0 为初始段长度。为充分利用射流流速的动能，应使 l_j 小于 L_0，接收器接收到的流体流速 $u_\mathrm{m} = u_\mathrm{j}$，则可得到初始段长度：

$$L_0 = 6.2D_\mathrm{j} \tag{2-41}$$

由几何关系可知，在距离喷嘴 l_j 射流势流区的直径为：

$$D_\mathrm{pf} = \frac{L_0 - l_\mathrm{j}}{6.2} = \frac{6.2D_\mathrm{j} - l_\mathrm{j}}{6.2} = D_\mathrm{j} - \frac{l_\mathrm{j}}{6.2} \tag{2-42}$$

令 $\lambda = l_\mathrm{j}/D_\mathrm{j}$，则射流势流区的直径可以表示为：

$$D_\mathrm{pf} = D_\mathrm{j}(1 - 0.1613\lambda) \tag{2-43}$$

依据自由紊动射流理论可知，当射流束进入封闭的接收孔时，进入接收孔的射流流束动量等于流速为 u_j、截面直径为 D_ij 的射流流束产生的动量，D_ij 称为等效直径。等效直径 D_ij 与射流喷嘴直径 D_j 有如下关系：

$$D_\mathrm{ij} = D_\mathrm{j}(1 - \psi\lambda) \tag{2-44}$$

式中，ψ 为封闭管自由紊动射流流型系数。

由实验及自由紊动射流理论有：

$$\psi = \frac{0.714 - 0.5\dfrac{D_\mathrm{r}}{D_\mathrm{j}}}{0.093 + \lambda} + 0.016 \tag{2-45}$$

2.3.2　射流液压放大器通流面积的模型

射流液压放大器的喷嘴与接收孔间的通流面积直接影响射流管伺服阀的能量传递效率，因此准确求出通流面积的公式是十分必要的。图 2 – 10 中的阴影部分为射流孔与接收孔在接收面上投影面积的重叠面积，即为通流面积。射流孔与接收孔在接收面上的投影均为椭圆，由于射流管的偏转角度很小，一般为 $\theta \leqslant 3°$，接收孔倾斜角一般为 $\theta_r \leqslant 15°$。为方便求解，均假设射流孔与接收孔在接收面上的投影为圆形，接收孔在接收面上的等效半径为

$$R_{\text{er}} = \frac{R_{\text{r}}}{\cos\theta_{\text{r}}} \qquad (2-46)$$

式中，R_{r} 为接收孔的半径；R_{er} 为接收孔在接收面上的投影半径；θ_{r} 为接收孔与垂直方向的夹角。

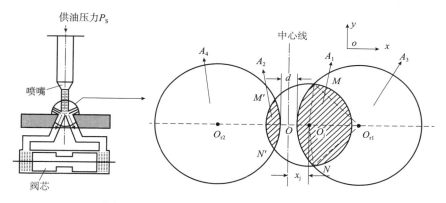

图 2 – 10　射流液压放大器在接收面上的投影

在图 2 – 10 中，A_1 为射流孔与右侧接收孔的重叠面积，A_3 为右侧接收孔的未重叠面积，A_2 为射流孔与左侧接收孔的重叠面积，A_4 为左侧接收孔的未重叠面积，d 为两接收孔间距。四部分面积与喷嘴的位移 x_{j} 有关，可以写为：

$$A_1(x_{\text{j}}) = S_{\text{扇形}O_{\text{r1}}MN} + S_{\text{扇形}O_{\text{j}}MN} - S_{O_{\text{r1}}MO_{\text{j}}N} \qquad (2-47)$$

设 $\angle MO_{\text{r1}}O_{\text{j}} = \theta_1$，$\angle NO_{\text{j}}O_{\text{r1}} = \theta_2$，根据几何关系可得到射流液压放大器的通流面积：

$$A_1(x_{\text{j}}) = R_{\text{er}}^2\theta_1 + r_{\text{j}}^2\theta_2 - \sin\theta_1 R_{\text{er}}(R_{\text{er}} + 0.5d - x_{\text{j}}) \qquad (2-48)$$

$$A_3(x_{\text{j}}) = \pi R_{\text{er}}^2 - R_{\text{er}}^2\theta_1 - r_{\text{j}}^2\theta_2 + \sin\theta_1 R_{\text{er}}(R_{\text{er}} + 0.5d - x_{\text{j}}) \qquad (2-49)$$

根据余弦定理得到：

$$\theta_1 = \arccos \frac{R_{er}^2 + (R_{er} + 0.5d - x_j)^2 - r_j^2}{2R_{er}(R_{er} + 0.5d - x_j)}, \quad \theta_2 = \arccos \frac{r_j^2 + (R_{er} + 0.5d - x_j)^2 - R_{er}^2}{2r_j(R_{er} + 0.5d - x_j)}$$

设 $\angle M' o_{r2} o_j = \theta_3$，$\angle N' o_j o_{r2} = \theta_4$，同理可得：

$$A_2(x_j) = R_{er}^2 \theta_3 + r_j^2 \theta_4 - \sin\theta_3 R_{er}(R_{er} + 0.5d + x_j) \qquad (2-50)$$

$$A_4(x_j) = \pi R_{er}^2 - R_{er}^2 \theta_3 - r_j^2 \theta_4 + \sin\theta_3 R_{er}(R_{er} + 0.5d + x_j) \qquad (2-51)$$

根据余弦定理得到：

$$\theta_3 = \arccos \frac{R_{er}^2 + (R_{er} + 0.5d + x_j)^2 - r_j^2}{2R_{er}(R_{er} + 0.5d + x_j)}, \quad \theta_4 = \arccos \frac{r_j^2 + (R_{er} + 0.5d + x_j)^2 - R_{er}^2}{2r_j(R_{er} + 0.5d + x_j)}$$

上述为面积的非线性模型，其线性模型可写为：

$$A_1(x_j) = A_1(0) + \alpha_{a1} x_j \qquad (2-52)$$

$$A_2(x_j) = A_2(0) - \alpha_{a1} x_j \qquad (2-53)$$

$$A_3(x_j) = A_3(0) - \alpha_{a2} x_j \qquad (2-54)$$

$$A_4(x_j) = A_4(0) + \alpha_{a2} x_j \qquad (2-55)$$

式中，$A_1(0)$、$A_2(0)$、$A_3(0)$、$A_4(0)$ 为喷嘴在零位时的通流面积；α_{a1}、α_{a2} 为面积梯度。

从图 2-10 中可见，射流放大器的接收器和射流管都是轴对称的，所以满足

$$A_1(0) = A_2(0)$$

$$A_4(0) = A_3(0)$$

$A_1(0)$ 与 $A_3(0)$ 可由式（2-22）、式（2-24）求出，当射流放大器参数一定时，其值为常值。射流管喷嘴位移有两个边界位置，分别为射流管喷嘴在零位、射流管喷嘴与接收孔在接收面上的投影外切。如图 2-11 所示，当射流管喷嘴与接收孔在接收面上的投影外切时，$x_j = r_j - 0.5d$，$A_2(x_j) = 0$，$A_4(x_j) = \pi R_{er}^2$，代入式（2-53）、式（2-55），得到：

$$\alpha_{a1} = \frac{A_2(0)}{r_j - 0.5d} = \frac{R_{er}^2 \theta_3 + r_j^2 \theta_4 - \sin\theta_3 R_{er}(R_{er} + 0.5d)}{r_j - 0.5d}$$

$$\alpha_{a2} = \frac{A_4(0) - \pi R_{er}^2}{r_j - 0.5d} = \frac{-R_{er}^2 \theta_3 - r_j^2 \theta_4 + \sin\theta_3 R_{er}(R_{er} + 0.5d)}{r_j - 0.5d}$$

由射流理论可知，当接收孔面积不小于射流管喷嘴面积时，接收孔接收到的射流动能与射流管喷嘴的射流能量比较大。分别选取 $R_r = 0.2\text{mm}$、0.125mm，$r_j = 0.125\text{mm}$，并取接收孔间距 $d = 0.05$，接收孔倾角 $\theta_r = 15°$，由式可得通流面

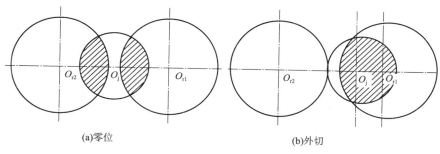

(a)零位   (b)外切

图 2 - 11   射流喷嘴的两种边界位置

积 $A_1(x_j)$、$A_2(x_j)$、$A_3(x_j)$ 及 $A_4(x_j)$ 与射流管喷嘴位移的线性关系如图 2 - 12 所示。由式可得通流面积 $A_1(x_j)$、$A_2(x_j)$、$A_3(x_j)$ 及 $A_4(x_j)$ 与射流管喷嘴位移的非线性关系如图 2 - 13 所示。

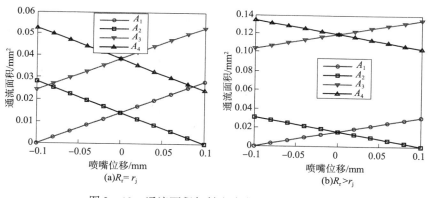

图 2 - 12   通流面积与射流喷嘴位移的线性关系

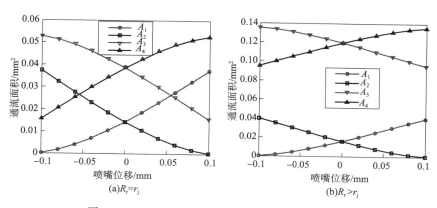

图 2 - 13   通流面积与射流喷嘴位移的非线性关系

在不同半径条件下，通流面积的线性模型和非线性模型对比如图 2 - 14 所示，喷嘴位移越大，线性模型与非线性模型求得的通流面积差越大。但当 $R_r > r_j$

时，线性模型与非线性模型求取的通流面积基本一致，面积差最大为6.2%。

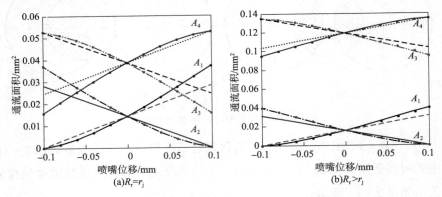

图 2 - 14　通流面积的线性模型和非线性模型的对比

喷嘴与接收孔存在垂直距离 l_j，考虑到喷入封闭管自由紊动射流，代入式（2 - 48）、式（2 - 49），可得到通流面积 A_1、A_2 对应的射流等效通流面积为：

$$A_{i1} = A_1 (1 - \psi\lambda)^2 = [R_{er}^2\theta_{10} + r_j^2\theta_{20} - \sin\theta_{10}R_{er}(R_{er} + 0.5d) + \alpha_{a1}b\theta](1 - \psi\lambda)^2$$

$$(2 - 56)$$

$$A_{i2} = A_2 (1 - \psi\lambda)^2 = [R_{er}^2\theta_{30} + r_j^2\theta_{40} - \sin\theta_{30}R_{er}(R_{er} + 0.5d) - \alpha_{a1}b\theta](1 - \psi\lambda)^2$$

$$(2 - 57)$$

式中：

$$\theta_{10} = \theta_{30} = \arccos\frac{R_{er}^2 + (R_{er} + 0.5d)^2 - r_j^2}{2R_{er}(R_{er} + 0.5d)}, \quad \theta_{20} = \theta_{40} = \arccos\frac{r_j^2 + (R_{er} + 0.5d)^2 - R_{er}^2}{2r_j(R_{er} + 0.5d)}$$

2.3.3　射流液压放大器接收孔中的流体动量分析

射流管伺服阀工作时，阀芯在运动，接收孔中存在着液体的位移，射流束作用在接收孔内的液体上，相似于射流冲击到运动的液体活塞。图 2 - 15 为喷嘴向左移动一段距离的流体流向图。

忽略渐缩管的能量损失，在射流喷嘴的出口截面上，液体的平均速度由节流公式求得

$$u_j = C_{dj}\sqrt{\frac{2(p_s - p_0)}{\rho}} \qquad (2 - 58)$$

式中，p_s 为供油压力；p_0 为排油腔压力；ρ 为油液密度；C_{dj} 为射流喷嘴的射流系数，随射流喷嘴的锥度变化。

当接收孔直径大于势流区直径且小于混合层外径时，射流能量传递效率较大，根据封闭管射流理论，等效通流面积为 A_{i1} 的射流流束以速度 u_j 冲击到右接收孔中流速为 u_r 的运动液体活塞上，冲击后会产生与射流方向相反的流体，反向流体会以速度 u_{01} 从射流束与液体活塞之间的环形截面流出。得到 dt 时间内冲击到运动液体活塞上的等效射流质量为：

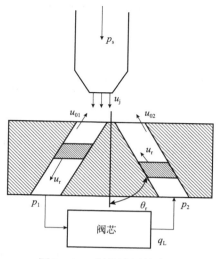

图 2-15 射流液压放大器

$$dm_j = \rho A_{i1} (u_j - u_r\cos\theta_r) dt \quad (2-59)$$

同时在 dt 时间内，从液体活塞上反射回来的液体质量为：

$$dm_{01} = \rho(A_r - A_{i1})(u_{01} + u_r\cos\theta_r) dt \quad (2-60)$$

式中，f_r 为接收孔的截面积。

冲击液体活塞后，质量为 $(dm_j - dm_{01})$ 的液体随活塞一起运动，运动速度为 u_r，质量为 dm_{01} 的反向流束以速度 u_{01} 射出接收孔，设液体活塞质量为 m，则由动量定理可知，dt 时间内作用在液体活塞上的冲量为：

$$
\begin{aligned}
F_{j1} dt = u dm &= [(dm_j - dm_{01})u_r\cos\theta_r - u_{01}dm_{01} + mu_r\cos\theta_r] - (u_j dm_j + mu_r\cos\theta_r) \\
&= (dm_j - dm_{01})u_r\cos\theta_r - u_{01}dm_{01} - u_j dm_j
\end{aligned}
$$

$$(2-61)$$

将式（2-59）、式（2-60）代入式（2-61）中，可得到作用在液体活塞上的冲击力为：

$$F_{j1} = \rho A_{i1}(u_j - u_r\cos\theta_r)^2 + \rho(A_r - A_{i1})(u_{01} + u_r\cos\theta_r)^2 \quad (2-62)$$

由于射流流束对液体活塞产生了冲击力，液体活塞上下端的压强不一致，液体活塞下端的压强与阀芯左端的压力一致为 p_1，而在上端的压强为：

$$p_{r1} = \frac{F_{j1}}{A_r}\cos\theta_r = \frac{\rho\cos\theta_r}{A_r}[A_{i1}(u_j - u_r\cos\theta_r)^2 + (A_r - A_{i1})(u_{01} + u_r\cos\theta_r)^2] \quad (2-63)$$

负载流量公式为：

$$q_L = C_d A_r \sqrt{\frac{2}{\rho}(p_{r1} - p_1)} \quad (2-64)$$

式中，C_d 为接收孔的流量系数。

由此得到阀芯左端的压力公式为：

$$p_1 = p_{r1} - \frac{q_1^2 \rho}{2C_d A_r^2}$$

$$= \rho \left\{ \frac{\cos\theta_r}{A_r} \left[A_{i1} (u_j - u_r \cos\theta_r)^2 + (A_r - A_{i1})(u_{01} + u_r \cos\theta_r)^2 \right] - \frac{q_L^2}{2C_d A_r^2} \right\}$$

$$(2-65)$$

左接收孔中的反向流速 u_{01}，可由接收孔中液流的连续方程确定为：

$$u_{01} = \frac{u_j A_{i1} - u_r \cos\theta_r A_r}{A_r - A_{i1}} \qquad (2-66)$$

将式(2-66)代入式(2-65)中，可得：

$$p_1 = \rho \left[\frac{A_{i1} \cos\theta_r (u_j - u_r \cos\theta_r)^2}{A_r - A_{i1}} - \frac{q_L^2}{2C_d A_r} \right] \qquad (2-67)$$

由负载流量连续性可知，右接收孔中的液流速度值也为 $|u_r|$，方向如图 2-16 中 u'_r 所示。dt 时间内冲击到右接收孔中液体活塞上的等效射流液体质量为：

$$dm_{j2} = \rho A_{i2} (u_j + u'_r \cos\theta_r) dt \qquad (2-68)$$

同时在 dt 时间内，由射流冲击引起的反向流束液流质量为：

$$dm_{02} = \rho (A_r - A_{i2})(u_{02} - u_r \cos\theta_r) dt \qquad (2-69)$$

由动量定理可知，射流束作用在左接收孔液体活塞上的冲力为：

$$F_{j2} = \rho A_{i2} (u_j + u_r \cos\theta_r)^2 + \rho (A_r - A_{i2})(u_{02} - u_r \cos\theta_r)^2 \qquad (2-70)$$

从而得到冲击力在右接收孔接收面上产生的压强为：

$$P_{r2} = \frac{F_{j2}}{A_r} \cos\theta_r = \frac{\rho \cos\theta_r}{A_r} \left[A_{i2}(u_j + u_r \cos\theta_r)^2 + (A_r - A_{i2})(u_{02} - u_r \cos\theta_r)^2 \right]$$

$$(2-71)$$

根据负载流量连续性可知：

$$q_L = C_d A_r \sqrt{\frac{2}{\rho}(p_2 - p_{r2})} \qquad (2-72)$$

则阀芯左端压强为：

$$p_2 = p_{r2} + \frac{q_1^2 \rho}{2C_d A_r}$$

$$= \rho \left\{ \frac{\cos\theta_r}{A_r} \left[A_{i2}(u_j + u_r \cos\theta_r)^2 + (A_r - A_{i2})(u_{02} - u_r \cos\theta_r)^2 \right] + \frac{q_L^2}{2C_d A_r} \right\} \qquad (2-73)$$

左接收孔中的反向流速 u_{02}，可由接收孔中液流的连续方程确定为：

$$u_{02} = \frac{u_j A_{i2} + u_r \cos\theta_r A_r}{A_r - A_{i2}} \qquad (2-74)$$

将式(2-74)代入式(2-73)，可得：

$$p_2 = \rho \left[\frac{A_{i2}\cos\theta_r \left(u_j + u_r \cos\theta_r \right)^2}{A_r - A_{i2}} + \frac{q_L^2}{2C_d A_r} \right] \qquad (2-75)$$

根据式(2-67)、式(2-75)，得到负载压力和负载流量的关系为：

$$p_L = p_1 - p_2 = p_1 = \rho\cos\theta_r \left[\frac{A_{i1}\left(u_j - u_r\cos\theta_r \right)^2}{A_r - A_{i1}} - \frac{A_{i2}\left(u_j + u_r\cos\theta_r \right)^2}{A_r - A_{i2}} - \frac{q_L^2}{C_d A_r} \right]$$

$$(2-76)$$

由于 $q_L = u_r A_r$，则式(2-76)可变为：

$$p_L = p_1 - p_2 = \rho\cos\theta_r \left[\frac{A_{i1}\left(u_j - q_L\cos\theta_r/A_r \right)^2}{A_r - A_{i1}} - \frac{A_{i2}\left(u_j + q_L\cos\theta_r/A_r \right)^2}{A_r - A_{i2}} - \frac{q_L^2}{C_d A_r} \right]$$

$$(2-77)$$

分别令 $p_L = 0$、流量 $q_L = 0$，得到液压放大器的压强流量曲线如图 2-16 所示。

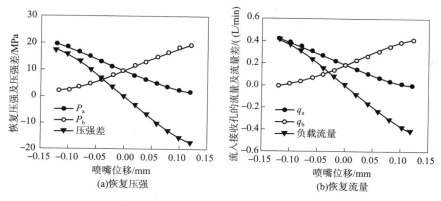

图 2-16 液压放大器压强及流量曲线

将式(2-77)整理可得到：

$$p_L = \frac{\rho u_j^2}{A_r}(A_{i1} - A_{i2}) - \frac{2\rho u_j \cos\theta_r}{A_r} q_L (A_{i1} + A_{i2}) + \frac{\rho\cos\theta_r}{A_r^3} q_L^2 (A_{i1} - A_{i2}) \quad (2-78)$$

由式(2-52)、式(2-53)知 $A_{i1} + A_{i2} = 2A_1(0)$，则上式变为：

$$p_L = \frac{\rho u_j^2}{A_r}(A_{i1} - A_{i2}) - \frac{4\rho u_j \cos\theta_r}{A_r} q_L A_1(0) + \frac{\rho\cos\theta_r}{A_r^3} q_L^2 (A_{i1} - A_{i2}) \quad (2-79)$$

联立式(2-75)~式(2-78)，得到负载压力与喷嘴位移关系为：

$$p_L = \frac{2\rho u_j^2}{A_r}\alpha_{a1}x_j - \frac{4\rho u_j\cos\theta_r}{A_r}q_L A_1(0) + \frac{2\rho\cos\theta_r}{A_r^3}\alpha_{a1}x_j q_L^2 \qquad (2-80)$$

射流管偏转位移在零位附近时，如 $x_j \in [-0.1, 0.1]$ mm，负载压力与喷嘴位移 x_j 为线性关系，由式(2-80)得到压力增益为：

$$k_p = \frac{\Delta p_L}{\Delta x_j} = \frac{4\rho u_j^2}{A_r}\alpha_{a1} \qquad (2-81)$$

式中，$u_j = C_{dj}\sqrt{\dfrac{2}{\rho}p_s}$，为射流喷嘴的流量系数，则零位压力增益可写为：

$$k_p = \frac{\Delta p_L}{\Delta x_j} = \frac{8C_{dj}^2 p_s}{A_r}\alpha_{a1} \qquad (2-82)$$

同理可得零位流量增益为：

$$k_q = (1-\psi\lambda)^2 C_d C_{dj} A_r \sqrt{\frac{2p_s\cos\theta_r A_j}{\rho r_j A_r}} \qquad (2-83)$$

则式(2-81)可表示为线性关系：

$$p_L = k_p x_j - k_q q_L \qquad (2-84)$$

2.3.4 接收孔反向流液力矩分析

喷嘴射流射入接收孔后，会有反向流束冲击到喷嘴上，形成液流力矩。当喷嘴在中位时，射流进入两接收孔的流束相同，反向液流的质量和速度大小相等，速度方向相反，液流合力矩为零，液流力矩可忽略。但当喷嘴有偏转位移，例如在图2-16中，喷嘴向 x 轴正向偏转位移 x_j 时，左右接收孔的反向液流质量存在差异，且左接收孔的液流也会冲击到喷嘴上。此时，液流力矩会引起射流管伺服阀的自振，需要对液流力矩进行建模分析。

接收孔中反向冲击到喷嘴上的流束属于紊动冲击射流，按照冲击射流的发展，可将其分成自由射流区（Ⅰ区）、冲击区（Ⅱ区）和壁面射流区（Ⅲ区）3个流动区域，如图2-17所示。在Ⅰ区中，冲击射流未遇到障碍物，其流动特性与自由射流相同；在Ⅱ区中，射流冲击到喷嘴壁面上，射流出现了显著的弯曲，具有很大的压力梯度；在Ⅲ区中，经过Ⅱ区的弯曲，射流几乎变成平行于壁面的流动。

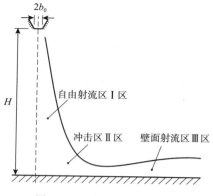

图 2 - 17 射流冲击示意图

左、右接收孔中的反向液流分别以 u_{02}、u_{01} 的初始速度冲击射流喷嘴，将喷嘴处视作壁面，则在喷嘴处的左、右接收孔反向液流速度变为：

$$\begin{cases} u_{m1} = u_{01} \sqrt{\dfrac{H_1}{2b_{01}}} 2.77 \sqrt{1 - \exp(-38.5)} \\ u_{m2} = u_{02} \sqrt{\dfrac{H_2}{2b_{02}}} 2.77 \sqrt{1 - \exp(-38.5)} \end{cases} \tag{2-85}$$

式中，u_{m1}、u_{m2} 为左、右接收孔反向液流冲击到喷嘴壁面处的速度；H_1、H_2 为左、右接收孔圆心与喷嘴的距离；b_{01}、b_{02} 为左右接收孔环状反向液流的宽度。

在 dt 时间内，左、右接收孔反向液流冲击到喷嘴上的液流质量 dm_{m1}、dm_{m2} 为：

$$\begin{cases} dm_{m1} = \rho(A_r - A_{i1}) u_{m1} dt \\ dm_{m2} = \rho(A_r - A_{i2}) u_{m2} dt \end{cases} \tag{2-86}$$

根据动量定理，在 dt 时间内，喷嘴受到左右接收孔的冲力为：

$$\begin{cases} f_{m1} = \dfrac{dm_{m1} u_{m1} - dm_{01} u_{01}}{dt} \\ f_{m2} = \dfrac{dm_{m2} u_{m2} - dm_{02} u_{02}}{dt} \end{cases} \tag{2-87}$$

f_{m1}、f_{m2} 分别与垂线夹角为 θ_r，则根据力的分解和合成可知：

$$\begin{cases} f_{hon} = (f_{m1} - f_{m2}) \sin\theta_r \\ f_{per} = (f_{m1} - f_{m2}) \cos\theta_r \end{cases} \tag{2-88}$$

式中，f_{hon} 为水平方向的合力；f_{per} 为竖直方向的合力。

联立式（2-67）、式（2-70）、式（2-88），得到：

$$f_{hon} = f_{m1} - f_{m2} = \rho\left(u_j A_{i1} - u_r \cos\theta_r A_r\right)\left[\left(k_{h1}^2 - 1\right)\frac{u_j A_{i1} - u_r \cos\theta_r A_r}{A_r - A_{i1}} - u_r \cos\theta_r\right] -$$

$$\rho\left(u_j A_{i2} - u_r \cos\theta_r A_r\right)\left[\left(k_{h2}^2 - 1\right)\frac{u_j A_{i2} - u_r \cos\theta_r A_r}{A_r - A_{i2}} - u_r \cos\theta_r\right] \quad (2-89)$$

式中，$k_{h1} = \sqrt{\dfrac{H_1}{2b_{01}}}2.77\sqrt{1 - \exp(-38.5)}$，$k_{h2} = \sqrt{\dfrac{H_2}{2b_{02}}}2.77\sqrt{1 - \exp(-38.5)}$。

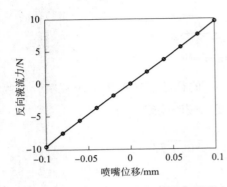

图2-18 液流力与喷嘴位移关系图

由式（2-89）可知，接收孔反向液流力与负载流量 q_L、射流管喷嘴位移 x_j 有关，当 $x_j \in [-0.1, 0.1]$mm，得到 f_{hon} 与 x_j 的关系曲线如图2-18所示，当为负方向，即射流管顺时针偏转，进入右接收孔的射流束少于进入左接收孔中的，且阀芯向 x 轴正向移动，使得右接收孔的反向射流大于左接收孔中的，因此反向射流的合力方向 x 轴负方向，反之亦然。从图2-18可知，反向液流力与喷嘴位移为线性关系，关系式如下：

$$F_{flow} = f_{hon} = k_m x_j \quad (2-90)$$

式中，k_m 为 9.631×10^4N/m。

f_{per} 与衔铁-反馈组件重心间的距离几乎为零，忽略其力矩。f_{hon} 与衔铁-反馈组件重心间的距离为 $r\sin\theta_r$，则接收孔反向液流形成的液流力矩为：

$$T_{flow} = k_m x_j r\cos\theta_r \quad (2-91)$$

2.4 滑阀动态分析

滑阀为射流管伺服阀的第二级放大器，其将运动的机械能转换为推动作动器运动的压力能，分析其动态特性时，需要考虑阀套中窗口的流量和阀芯上受到的作用力。

2.4.1 阀套中各窗口的流量分析

射流管逆时针偏转时，阀芯会向 x 轴正方向运动，阀套中各窗口的流量方向如图 2-19 所示，各窗口流量关系为

$$Q_B = Q_2 - Q_3 = Q_4 - Q_1 = Q_A \qquad (2-92)$$

$$Q_R = Q_2 + Q_1 \qquad (2-93)$$

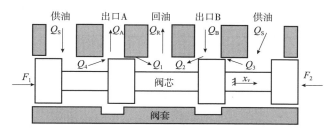

图 2-19 滑阀内流量图

2.4.2 阀芯动态分析

阀芯在阀套中运动时，除了受到两端的压差力，还会受到阻碍阀芯运动的力，如侧压摩擦力和轴向液动力。

1）侧压摩擦力

滑阀中阀芯与阀套的配合方式为间隙配合，由于阀芯两端的压差作用，间隙中的液体会形成从高压端到低压端的不对称压力分布，可称之为滑阀侧压力。根据流体力学中的缝隙流理论，滑阀侧压力会随着间隙大小的变化而变化。若间隙沿着阀芯纵向轴线对称变化，则滑阀侧压力合力为零。而当间隙沿着阀芯纵向轴线不对称变化时，则滑阀侧压力合力不为零，并随着阀芯的运动形成侧压摩擦力。

因此，加工精度或装配等原因造成的阀芯阀套不同心、间隙不对称，都会形成不对称的滑阀侧压力，进而引起侧压摩擦力。如果作用在阀芯表面的滑阀侧压力进一步使其偏心，那么间隙更加不对称、滑阀侧压合力更大，严重时会破坏阀芯与阀套之间的油膜，形成干摩擦，大大增加阀芯与阀套间的摩擦力，出现"液压卡紧"现象，造成设备故障。

当阀芯与阀套间的缝隙不对称时，可分为为渐扩间隙和渐缩间隙，如图

2 - 20所示。不对称的间隙造成不对称的非线性压力分布，设间隙斜率为 $n = (s_2 - s_1)/l$，则压力分布可表示为：

$$p_{\text{spool}} = p_{\text{high}} + \frac{(P_{\text{high}} - P_{\text{low}})s_1^2 s_2^2}{(s_1^2 - s_2^2)} \left[\frac{1}{s_1^2} - \frac{1}{(s_1 - nx)^2} \right] \qquad (2-94)$$

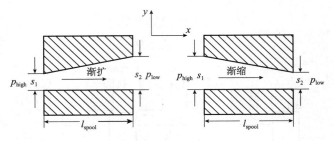

图 2 - 20　阀芯阀套的间隙结构

有了间隙中的压力分布，则可计算作用在阀芯上的侧压力，图 2 - 21 所示为阀芯有锥度并处于偏心位置。在任意角度 θ_s 位置上，宽为 $\mathrm{d}\theta_s$，长为 $\mathrm{d}x$ 的基元面积上侧压力沿 y 方向的分量为：

$$p_{\text{spool}} r_s \mathrm{d}\theta_s \cos\theta_s \mathrm{d}x \qquad (2-95)$$

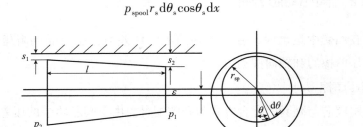

图 2 - 21　侧压摩擦力计算图

则长度为 l_{spool} 的基元面积上侧压力沿 y 方向的分量为：

$$\mathrm{d}p_y = \int_0^{l_{\text{spool}}} p_{\text{spool}} r_s \mathrm{d}\theta_s \cos\theta_s \mathrm{d}x \qquad (2-96)$$

将式中的 s_1、s_2 用角度 θ_s、偏心距 ε、斜率 τ 表示，则：

$$s_1 = s_0 + \varepsilon\cos\theta_s \qquad (2-97)$$

$$s_2 = s_0 + \varepsilon\cos\theta_s + \tau l_{\text{spool}} \qquad (2-98)$$

式中，s_0 为阀芯阀套同心时进口处间隙高度。

式(2-94)可写为:

$$p_{\text{spool}} = p_{\text{high}} - \frac{(p_{\text{high}} - p_{\text{low}})(s_0 + \varepsilon\cos\theta_s)^2 (s_0 + \varepsilon\cos\theta_s + \tau l_{\text{spool}})^2}{\tau l_{\text{spool}} (\tau l_{\text{spool}} + 2s_0 + 2\varepsilon\cos\theta_s)} \cdot$$

$$\left[\frac{1}{(s_0 + \varepsilon\cos\theta_s)^2} - \frac{1}{(s_0 + \varepsilon\cos\theta_s + \tau x)^2} \right]$$

代入式(2-96),积分得到侧压力为:

$$F_{\text{la}} = \frac{-\pi l_{\text{spool}}^2 r_s \tau (p_{\text{high}} - p_{\text{low}})}{2\varepsilon} \left[1 - \frac{\tau l_{\text{spool}} + 2s_0}{\sqrt{(\tau l_{\text{spool}} + 2s_0)^2 - 4\varepsilon^2}} \right] \qquad (2-99)$$

式(2-99)说明,渐扩间隙中的侧压力为正,方向指向 y 轴正向,该力会增大偏心距,促使阀芯碰到阀套壁面。反之,若是渐缩间隙,其中的侧压力方向指向 y 轴负方向,促使偏心距减小,起到自动对中的作用。

由图2-19可知,滑阀有4个台肩 s_1、s_2、s_2、s_4,当滑阀向 x 轴正向运动时,台肩 S_1 与阀套的间隙压差为 $\Delta p_{s1} = p_1 - p_s$,台肩 S_2 与阀套间隙的压差为 $\Delta p_{s2} = p_A - p_T$,台肩 S_3 与阀套间隙的压差为 $\Delta p_{s3} = p_B - p_s$,台肩 S_4 与阀套间隙的压差为 $\Delta p_{s3} = p_s - p_2$。4个台肩的斜率相同,偏心距分别为 ε_1、ε_2、ε_3、ε_4,设摩擦因素为 υ,则滑阀的侧压摩擦力为:

$$f_{\text{la}} = \frac{-\pi l_{\text{spool}}^2 r_s \tau \upsilon}{2} \left\{ \frac{\Delta p_{s1}}{\varepsilon_1} \left[1 - \frac{\tau l_{\text{spool}} + 2s_0}{\sqrt{(\tau l_{\text{spool}} + 2s_0)^2 - 4\varepsilon_1^2}} \right] + \right.$$

$$\frac{\Delta p_{s2}}{\varepsilon_2} \left[1 - \frac{\tau l_{\text{spool}} + 2s_0}{\sqrt{(\tau l_{\text{spool}} + 2s_0)^2 - 4\varepsilon_2^2}} \right] + \frac{\Delta p_{s3}}{\varepsilon_3} \left[1 - \frac{\tau l_{\text{spool}} + 2s_0}{\sqrt{(\tau l_{\text{spool}} + 2s_0)^2 - 4\varepsilon_3^2}} \right] +$$

$$\left. \frac{\Delta p_{s4}}{\varepsilon_4} \left[1 - \frac{\tau l_{\text{spool}} + 2s_0}{\sqrt{(\tau l_{\text{spool}} + 2s_0)^2 - 4\varepsilon_4^2}} \right] \right\} \qquad (2-100)$$

当滑阀向 x 轴负向运动时,台肩 s_1、s_4 与阀套间隙的压差只依据 p_1、p_2 变化,台肩 s_2 与阀套间隙的压差变为 $\Delta p'_{s2} = p_s - p_A$,台肩 S_3 与阀套间隙的压差变为 $\Delta p'_{s3} = p_T - p_B$,则滑阀的侧压摩擦力为:

$$f_{\text{la}} = \frac{-\pi l_{\text{spool}}^2 r_s \tau \upsilon}{2} \left\{ \frac{\Delta p_{s1}}{\varepsilon_1} \left[1 - \frac{\tau l_{\text{spool}} + 2s_0}{\sqrt{(\tau l_{\text{spool}} + 2s_0)^2 - 4\varepsilon_1^2}} \right] + \right.$$

$$\frac{\Delta p'_{s2}}{\varepsilon_2} \left[1 - \frac{\tau l_{\text{spool}} + 2s_0}{\sqrt{(\tau l_{\text{spool}} + 2s_0)^2 - 4\varepsilon_2^2}} \right] + \frac{\Delta p'_{s3}}{\varepsilon_3} \left[1 - \frac{\tau l_{\text{spool}} + 2s_0}{\sqrt{(\tau l_{\text{spool}} + 2s_0)^2 - 4\varepsilon_3^2}} \right] +$$

$$\left. \frac{\Delta p_{s4}}{\varepsilon_4} \left[1 - \frac{\tau l_{\text{spool}} + 2s_0}{\sqrt{(\tau l_{\text{spool}} + 2s_0)^2 - 4\varepsilon_4^2}} \right] \right\} \qquad (2-101)$$

2）轴向液动力

轴向液动力分为稳态液动力和暂态液动力。

（1）稳态液动力是流体流入阀腔和通过阀的控制窗口时由于流速和方向变化导致液流动量的变化而产生的作用于阀芯上的液流力，其方向总是力图关闭滑阀控制窗口，根据动量定理，稳态液动力为：

$$F_y = 0.43 W x_v p_s \qquad (2-102)$$

式中，W 为滑阀窗口宽度；p_s 为进油压力。

（2）瞬态液动力是流体有加速时引起的，假定油液是可不压缩的，阀腔内的油液质量 m 不变，阀腔内的油液速度变化率为 $\mathrm{d}v/\mathrm{d}t$，则油液加速力为：

$$F_z = m \frac{\mathrm{d}v}{\mathrm{d}t} \qquad (2-103)$$

取滑阀进出口之间沿轴向的距离为 L，阀腔截面积为 f，Q 为阀腔内流量，则式（2-103）可改为：

$$F_z = \rho L \frac{\mathrm{d}Q}{\mathrm{d}t} \qquad (2-104)$$

由连续性方程可知，阀腔内流量即为阀口流量，则由节流公式可得：

$$Q = C_m W x_v \sqrt{\frac{2\Delta p}{\rho}} \qquad (2-105)$$

式中，C_m 为流量系数；Δp 为阀腔进出口压差；ρ 为油液密度。

由式（2-104）、式（2-105）可得：

$$F_z = C_m W L \sqrt{2\rho\Delta p} \frac{\mathrm{d}x_v}{\mathrm{d}t} + \frac{L C_m W x_v}{2} \frac{\mathrm{d}(\Delta p)}{\sqrt{\Delta p/\rho}\, \mathrm{d}t} \qquad (2-106)$$

一般情况下，$\mathrm{d}(\Delta p)/\mathrm{d}t$ 对瞬态液动力的影响非常小，可忽略不计，则式（2-106）可简化为：

$$F_z = C_m W L \sqrt{2\rho\Delta p} \frac{\mathrm{d}x_v}{\mathrm{d}t} \qquad (2-107)$$

F_z 的反作用力就是瞬态液动力，瞬态液动力恒与 F_z 反向，则瞬态液动力为：

$$F_{zR} = - C_m W L \sqrt{2\rho\Delta p} \frac{\mathrm{d}x_v}{\mathrm{d}t} \qquad (2-108)$$

由阀芯受力及牛顿第二定律得到阀芯动力学方程为：

$$P_L A_v - f_{la} - F_y + F_{zR} = m_v \ddot{x}_v + B_v \dot{x}_v \qquad (2-109)$$

阀芯的流量方程为：

$$q_L = A_v \dot{x}_v + \frac{V}{4E_y} \dot{P}_L \qquad (2-110)$$

式中，A_v 为阀芯两端截面积；V 为阀芯两端容腔初始容积；E_y 为油液弹性模量。

2.5 射流管伺服阀的理论模型及仿真分析

2.5.1 射流管伺服阀的非线性数学模型

射流管伺服阀以电流输入控制压力输出和流量输出，其中的力矩马达将电磁能转换为机械能，液压放大器将机械能转化为压力能，滑阀将压力能转换为机械能。力矩马达的输出为射流管喷嘴的旋转角度 θ，其与阀芯位移和输入电流的关系如式(2-34)所示。液压放大器中接收器的通流面积随着 θ 的变化而改变，其通流面积的计算式如式(2-56)、式(2-57)所示。通流面积的变化会在阀芯两端产生压差 P_L，其与负载流量的关系如式(2-84)所示。压差 P_L 促使阀芯运动，阀芯动力学方程及流量方程分别为式(2-109)、式(2-110)所示。

综合射流管伺服阀各部分的数学模型公式，在 SIMULINK 中搭建整阀的非线性数学模型，模型如图 2-22 所示，输入为电流 i_c，输出为阀芯位移 x_v。该模型包含了力矩马达的磁滞特性、射流液压放大器的淹没射流特性、滑阀侧压摩擦力特性及反向液流力特性，能够更加完整地描述射流管伺服阀的动、静态特性。

2.5.2 射流管伺服阀的磁滞特性

力矩马达中的衔铁为铁磁质，在线圈电流磁场作用下呈现一定宽度的滞环，由此，射流管伺服阀会出现磁滞现象。根据射流管伺服阀的模型，忽略摩擦力的影响，将控制电流 i_c 从 0mA 增大到最大值 40mA，阀芯位移 x_v 随之曲线增长，达到最大值 2mm 处饱和，此处控制电流记作 i_{cs}，如图 2-23 中的虚线所示；之后减小控制电流 i_c，阀芯位移 x_v 随之减小，当控制电流 $i_c = 0$ 时，阀芯位移 x_v 为 R；当电流降到最低值 -40mA 时，阀芯位移 x_v 为 -2mm；将控制电流提高到 0mA，阀芯位移 x_v 为 R'；随着控制电流再次提高到 i_{cs}，阀芯位移 x_v 又达到 2mm 处，但与初始的虚线不重合。可见，阀芯位移 x_v 总是滞后于控制电流 i_c，形成了磁滞曲线，如图 2-23 中的闭合曲线。

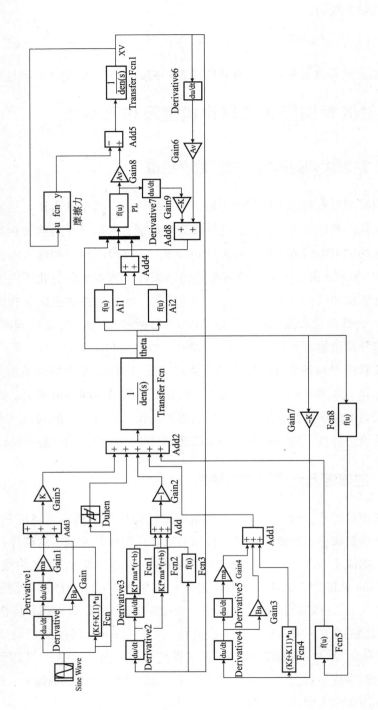

图2-22 射流管伺服阀的非线性模型

衔铁的磁滞回线是影响力矩马达滞环的主要因素。这是由于不但控制磁通全部通过衔铁，如图 2-24(a)、图 2-24(b)所示，而且有固定磁通通过衔铁，如图 2-24(c)、图 2-24(d)所示，加之衔铁截面积较小，容易达到饱和，而且衔铁内的磁通方向又是随控制电流 i_c 方向的改变而变化的，见图 2-24 中箭头曲线。随控制电流 i_c 的大小和方向的改变，衔铁内的磁通

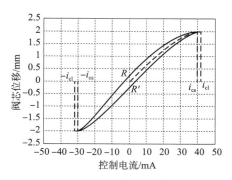

图 2-23　射流管伺服阀磁滞曲线

是按整个磁滞回线变化的。但上、下导磁体内的固定磁通的方向是恒定不变的，大小也基本不变，只是通过其上的控制磁通的大小和方向随控制电流 i_c 的变化而变化。但在数量上，控制磁通比固定磁通小得多。因此在上、下导磁体内，整个磁通的变化范围比较小，它将随控制电流 i_c 的方向和大小的改变而按局部磁滞回线变化。

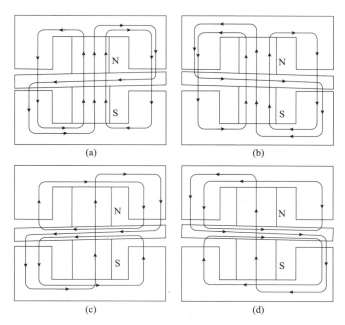

图 2-24　力矩马达的磁通变化情况

增大气隙厚度 g 与增大磁极面积 A_g，使沿局部磁滞回线变化，可减小滞环，但会加大力矩马达的体积，同时会降低力矩马达的动态特性，进而影响射流管伺服阀的动态特性。因此在设计力矩马达时，要综合考虑其磁滞特性与动态特性。

2.5.3 射流管伺服阀的动态特性

射流管伺服阀的动态特性分析包括时域和频率两部分内容。当供油压力为21MPa时，分别输入控制电流的40mA、25 mA、10mA，得到阶跃响应曲线如图2-25(a)所示。由图2-25(a)可知，随着控制电流的增大，阀芯位移的上升时间与稳态调节时间也会增加。其中，$i_c = 10$mA时，上升时间约为15ms，稳态调节时间约为30ms；$i_c = 25$mA时，上升时间约为20ms，稳态调节时间约为32ms；$i_c = 40$mA时，上升时间约为25ms，稳态调节时间约为35ms。

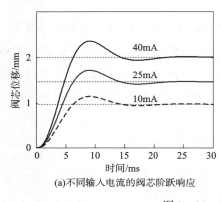

(a)不同输入电流的阀芯阶跃响应

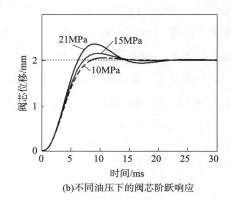

(b)不同油压下的阀芯阶跃响应

图2-25 阀芯阶跃响应

由伺服阀模型可知，阀芯位移与油源压力正相关，图2-25(b)为控制电流输入为40mA，供油压力分别为21MPa、15 MPa、10 MPa时，阀芯位移的阶跃响应。

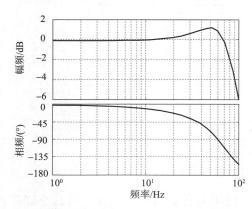

图2-26 射流管伺服阀的幅相频特性曲线

如图2-25所示，在阀芯位移达到最大值2mm的条件下，阀芯位移的动态响应时间随着油源压力的降低而增加。

射流管伺服阀的频率响应特性也是衡量其动态响应特性的重要指标。给定射流管伺服阀的控制电流 i_c 范围为4~20mA，取电流幅值为15mA，阀芯位移 x_v 的频率响应如图2-26所示。从图中可知，阀芯位移的幅频宽为85Hz，相频宽为60Hz。

第3章 力矩马达的动态分析及参数优化

力矩马达将电磁能转换为衔铁转动的机械能，是一种电气-机械转换器，为射流管伺服阀的第一个环节，其动态特性对射流管伺服阀的整阀动态特性影响很大。本章利用有限元分析的数值结果修正上一章的力矩马达数学模型，然后依据修正后的数学模型分析力矩马达结构参数对其动态特性的影响，并采用多目标遗传算法优化结构参数，优化后力矩马达的动态特性得到了有效的提高。

3.1 力矩马达的动、静态特性

3.1.1 力矩马达的静态特性

当力矩马达的控制线圈输入电流 i_c 时，衔铁受到电磁力矩的作用而偏转角度 θ，当电流 i_c 改变时，转角 θ 也随之变化。转角 θ 随控制电流 i_c 的变化关系称为力矩马达的静特性。

由式（2-33）可知，静态下，电磁力矩由弹簧管力矩和反馈杆力矩来平衡。在只考虑力矩马达部件的情况下，联立式（2-27），式（2-33）可写为：

$$K_\theta \theta + K_t \left[c i_c + d(i_c) \right] = K_{22} \theta + K_f (r+b)^2 \theta \qquad (3-1)$$

整理后得到控制电流 i_c 与衔铁偏转角度 θ 的关系式为：

$$\theta = \frac{K_t \left[c i_c + d(i_c) \right]}{K_\theta + K_{22} + K_f (r+b)^2} \qquad (3-2)$$

式中，K_t 为力矩马达的静态放大系数。

表 3-1 力矩马达参数表

B_p/T	A_g/m²	B_r/(N·m·s/r)	J/(kg/m²)	a/m	N_c/匝	g/mm
1.3T	4.6×10^{-6}	0.001	5.8×10^{-7}	0.022	750	4.21×10^{-4}

力矩马达的参数如表 3 – 1 所示，当控制电流 i_c 变化范围为 [– 40mA，40mA]时，力矩马达静特性曲线如图 3 – 1 所示，力矩马达的输出力矩如图 3 – 2 所示。

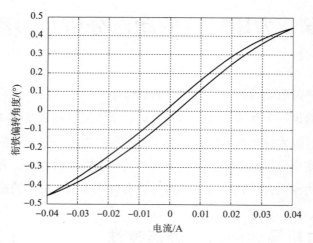

图 3 – 1 力矩马达静特性

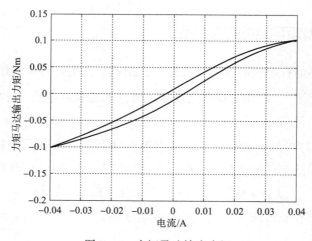

图 3 – 2 力矩马达输出力矩

3.1.2 力矩马达的动态特性

力矩马达的主要功能为偏转衔铁，其动态特性为衔铁偏转角度 θ 与控制电流 i_c 间的动态响应关系。只考虑力矩马达的动态特性，则由式(2 – 27)及式(2 –

33)可得到 θ 与 i_c 的动态关系式为:

$$K_t\left[ci_c + d(i_c)\right] = J\ddot{\theta} + B_r\dot{\theta} + \left[K_f(r+b)^2 - K_\theta\right]\theta \qquad (3-3)$$

根据表 3-1 的力矩马达参数及式(3-3),仿真得到力矩马达的阶跃响应曲线如图 3-3 所示,频率响应如图 3-4 所示。

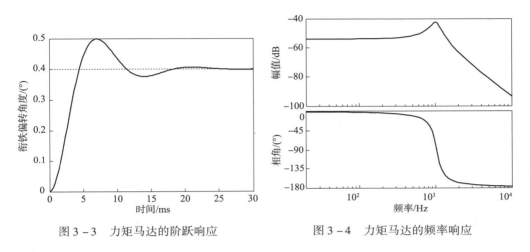

图 3-3　力矩马达的阶跃响应　　　　图 3-4　力矩马达的频率响应

如图 3-3 所示,力矩马达阶跃响应的超调量为 25%,上升时间约为 4ms,调节时间约为 17ms。如图 3-4 的力矩马达频率响应,力矩马达幅频宽约为 1050Hz,相频宽约为 1020Hz,谐响应频率约为 1000Hz。由动态响应结果可知,力矩马达的超调量和谐响应幅值都较大,需要采取一定的优化方法来降低超调量和谐响应幅值。

3.2　力矩马达的数值模拟

上节中推导了力矩马达输出力矩的静态模型及动态模型,但力矩马达的结构为非轴对称,其内部磁路复杂,二维计算会忽略相关的结构细节,因此计算结果会有一定的误差。本节采用电磁场的有限元分析方法对力矩马达的三维模型进行求解分析,利用商用软件 Maxwell 3D 建立力矩马达的三维模型,并使用 Maxwell 方程组作为模型的控制微分方程,进行有限元求解分析。

3.2.1 电磁场的边值问题

Maxwell 方程组是描述磁场与电荷密度、电场、电流密度间关系的偏微分方程，它揭示了宏观电磁场现象的基本规律，是电磁场的基本方程。在 Maxwell 方程中，每个方程中的电势和磁场都是耦合在一起的，求解难度高，可以通过变换方程将磁和电分离，分离后的偏微分方程式如下：

$$\nabla^2 A - \mu\varepsilon\frac{\partial^2 A}{\partial t^2} = -\mu J, \quad \nabla^2\varphi - \mu\varepsilon\frac{\partial^2\varphi}{\partial t^2} = -\frac{\rho}{\varepsilon} \qquad (3-4)$$

式中，A 为矢量磁场；φ 为标量电势；J 为电流激励；μ 为磁导率；ε 为介质常数；ρ 为电荷密度。

针对不同的研究对象，如静态场或时变场、有激励或无激励，可将式(3 – 4)简化成不同的表达形式。

(1)拉普拉斯方程适用于无源空间的静态场。该静态场中的激励项为零，各变量为不变值时，其对应的电磁方程形式最简单，即：

$$\nabla^2 A = 0, \quad \nabla^2\varphi = 0 \qquad (3-5)$$

(2)泊松方程适用于低频时变场或有源空间，式(3 – 4)中的变项为 0 时，电磁方程变为：

$$\nabla^2 A = -\mu J, \quad \nabla^2\varphi = -\frac{\rho}{\varepsilon} \qquad (3-6)$$

而当电磁场中的电、磁介质不均匀时，方程中的随电磁场中的位置发生变化，此时的泊松方程写为：

$$\nabla \cdot \left(\frac{1}{\mu}\nabla A\right) = -J, \quad \nabla \cdot (\varepsilon\,\nabla\varphi) = -\rho \qquad (3-7)$$

(3) 亥姆霍兹方程适用于时变场，当场中的激励为正弦信号时，静态的电、磁量都为正弦形式，可用向量法表示亥姆霍兹方程为：

$$\nabla^2 A - \mu\varepsilon\omega^2 A = -\mu J, \quad \nabla^2\varphi - \mu\varepsilon\omega^2\varphi = -\frac{\rho}{\varepsilon} \qquad (3-8)$$

当激励为零时，则上式方程可变为齐次亥姆霍兹方程：

$$\nabla^2 A - \mu\varepsilon\omega^2 A = 0, \quad \nabla^2\varphi - \mu\varepsilon\omega^2\varphi = 0 \qquad (3-9)$$

以上是不同条件下的电磁场偏微分方程，在求解电磁场中的物理量时，需要提供初始条件和边界条件。电磁场求解过程中一般有 3 种边界条件，如下所示：

（1）狄利克雷边界条件：

$$\varphi\mid_{\Gamma_1} = g(\Gamma_1) \qquad\qquad (3-10)$$

式中，Γ_1 为狄利克雷边界；$g(\Gamma_1)$ 为固定位置上磁势或电势与位置的关系。

（2）诺埃曼边界条件：

$$\frac{\partial \varphi}{\partial n}\mid_{\Gamma_2} + \sigma(\Gamma_2)\varphi\mid_{\Gamma_2} = h(\Gamma_2) \qquad\qquad (3-11)$$

式中，Γ_2 为诺埃曼边界条件；$\sigma(\Gamma_2)$、$h(\Gamma_2)$ 为场量的函数；n 为示边界的外法线方向，若分析的对象是横纵对称结构，可只研究其模型的 1/4 部分，则需使用诺埃曼边界条件说明研究部分与省略部分连接面上的激励和结构的对称性。

（3）齐次边界条件：当电磁场的边界法线方向上或某个边界上的势能函数值为 0 时，就需要用到齐次边界条件，表示为：

$$\varphi\mid_{\Gamma_1} = 0,\ \frac{\partial \varphi}{\partial t}\mid_{\Gamma_2} = 0 \qquad\qquad (3-12)$$

综上所述，所有的电磁场分析都可以转化成偏微分方程和上述 3 种边界条件的组合，通常称之为电磁场的边值问题。

3.2.2 电磁场的有限元分析法

研究者将有限元法引入电磁场问题的分析中，具有深远的意义。有限元法是数值模拟技术的主要方法，该方法的基本原理为分割求解对象的数值模型，使其成为单元系列，单元之间通过边界连接为一个整体。在求解问题时，先计算靠近边界的单元，再通过连接边界将数据传递到下一个单元并计算。因此，有限元分析法中的单元剖分十分重要，决定着计算结果的准确性与精度。在进行单元剖分时，将相同媒质的单元划分到一起，根据选定的函数对单元内部点的待求量进行插值计算。单元的结构形式简单，易于通过节点来建立能量关系或平衡关系的方程式并进行求解。

有限元分析方法大大提高了数值计算结果的精确度，现已成为电气工程领域中电磁波工程、电磁场等问题优化设计与定量分析的主要数值计算方法。有限元分析法将加权余量法和变分原理作为理论基础，首先将求解的偏微分方程组转变为相应的变分问题；然后利用剖分插值、离散方法，将相应的变分问题转化为普通多元函数的泛函极值问题；最终将求解的问题聚合成一组代数方程组，得到的多元方程组可以用来求得边值问题的数值解。由此可知，有限元分析法的关键在于模型部分与插值函数，并且用插值函数表示单元解时，其中的试探解不需要都满足边界条件，只需将边界条件引入单元聚合后的整体模型中。这为采用同样的插值函数来表示边界上和内部的单元提供了可能性，大大简化了构造方法。除此之外，变分原理的使用会使得第二、第三及不同媒质分界面上的边界条件隐含地满足作为总体合成时的自然边界条件，即泛函达到极值的要求中包含了自然边界条件，无须独自列出边界条件，仅要求处理求解的问题的强制边界条件，这种思想更加简化了构造方法。

在电磁场的分析、设计、仿真方面，Maxwell 3D 有限元软件处于世界领先地位。该软件可以分析电场、交流磁场和静磁场 3 种电磁场的磁场分布。交流磁场模块可仿真涡流效应和正弦电流源产生的磁场，还可以分析导体的集肤效应，并可计算在不同频率下的阻抗值、电流分布、磁通密度和损耗。静磁场模块可对由外加磁场、永磁铁和直流产生的磁场分布进行仿真，并可以自动电感参数、饱和度、扭矩和作用力，可进行分析的磁场材料特性范围广，包括线性、非线性与各向异性材料。Maxwell 3D 软件的界面输入方法采用的是图形输入，图形绘制过程非常方便，和 AutoCAD 操作过程极其相似，不但可以实现单个图元的镜像、旋转、复制和移动等，还能对图元进行逻辑运算，例如合并、抑或和减去等。在图形输入后，输入正确的边界条件和材料属性，再给定求解精度，Maxwell 3D 软件就可以自动地完成分析计算，简单易操作，学习起来也比较容易。

Maxwell 3D 软件原理为：由 Maxwell 方程组可以导出磁场分析的有限元公式。法拉第定律为：

$$\nabla \times E + \frac{\partial B}{\partial t} = 0 \qquad (3-13)$$

这个定律表明磁场和电场可以相互影响。

麦克斯韦—安培定律为：

$$\nabla \times H - \frac{\partial D}{\partial t} = J \qquad (3-14)$$

这个定律表明磁场强度 H 与介质在磁场中的分布可以为任意形式，但沿任何一个闭合回路的磁场强度线积分始终与该积分路径所包围的曲面 Ω 的外法线方向上的电流总和相等。

电场高斯定律为：

$$\mathrm{div} D = \rho \qquad (3-15)$$

该定律表示场中任意闭合曲面的电通量和电通密度矢量和电介质在电场中的分布无关，但始终与该闭合曲面所包围的电荷量相等。

磁场高斯定律为：

$$\text{div}B = 0 \tag{3-16}$$

该定律表示磁介质与磁通密度矢量在磁场中的分布可以为任何形式，但磁场中任意闭合曲面外法线方向的磁通量恒等于零。

有限元分析方法过程主要有 5 个步骤：①找到与边值问题相对应的泛函及其等价变分问题；②离散连续场域并将其划分为网格单元形式；③用一个近似的已知函数表示单元上未知的连续函数，并求解泛函的极值；④将各单元的方程组合成为一个多元的有限元方程组，并求解该方程组；⑤求解其他场量和显示结果等。

上述步骤中的网格剖分是关键操作，其操作得到的网格质量直接决定了计算精度及数值求解的精度。近年来，对于分割网格的算法渐渐完善，市场上的很多软件已经可以实现复杂域的剖分。一个软件前处理程序性能的高低决定了它的通用性。而网格自动剖分模块是软件前处理程序的主要部分，因此自动剖分程序是有限元分析软件前处理的基础。网格的自适应剖分程序能够自主判断需要细分的单元，以及单元细分的精度，然后生成尺寸与样式合适的网格，最终有限元的主程序根据划分好的网格算出收敛精度较高的结果。以往的单元疏密是靠人工来划分的，而自适应网格剖分算法能够使网格的疏密程度自动与电磁场的结构相匹配，这样不仅节省了人力，而且能够最大化地以较少网格数量得到精确度较高的结果。自适应网格剖分程序的流程图如图 3 - 5 所示，它是一个场量计算与网格加密循环进行的程序。

图 3 - 5 中的误差分析是自适应软件流程的关键步骤。在一般情况下，通过数值计算法很难得到某种网格分布下数值近似解的确切误差。但是，自适应程序在进行计算时，不要求确切的误差表达式，只需找到易求解并能定性表示近似解精度的误差判据。

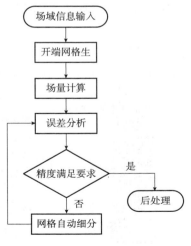

图 3 - 5　自适应软件结构

在用有限元法求解问题时，连续区域的函数要用分片的连续函数来近似表示，这时就会产生误差。这样一来，连续域中的变量用有限元方法求解时，所得到的结果可能是离散的。根据这个特点，可使用在相邻单元界面上近似解的不连续程度作为单元的误差判据。由此可知，单元之间这种不连续程度的大小可以明显地表明近似解的真正误差大小。采用这种误差判据可以比较容易地实现并能有效地控制网格细分。

在恒定磁场中的有限元计算中，若设定求解变量为矢量位移，虽无法满足磁场强度在单元界面上切向分量的连续性，但可以满足其在单元界面上法向分量的连续性。所以，可通过单元界面上磁场强度切向分量来表示单元上的误差判据。

自适应软件对连续域进行网格剖分的步骤为：利用某个确定的基准值与某一种误差判据定义而得到的各单元上的误差值做对比，若得到的误差值大于基准值，那么就进一步细分这个单元的网格，否则，该单元在本次自适应循环中保持不变。由自动程序选定一个合适的基准值可以提高自适应循环过程的收敛速度。

在进行工程设计时，Maxwell 3D 软件有 3 条优势：①可对样机的结构参数进行优化设计；② 通过优化设计，系统级仿真可以减少制作样机的成本；③最关键的优点是，能够最大限度地减少样机开发时间。

3.2.3　力矩马达电磁场的有限元分析法

力矩马达的三维模型如图 3 - 6 所示，图中两端竖柱部分为磁柱，采用铝镍钴五类 LNG52 永磁铁，其剩磁为 1.3T，矫顽力为 - 52kA/m；上、下横梁部分为

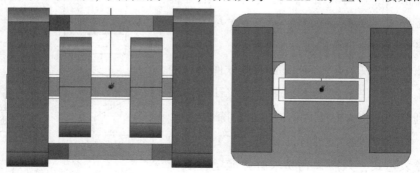

图 3 - 6　力矩马达三维模型

上、下导磁体，采用易磁化的铁磁合金1J50，B－H关系如表2－1所示；中间两个竖柱部分为套在衔铁上的线圈，其磁导率为1，体电导率为$58 \times 10^{6} \mathrm{S/m}$。

使用软件中的网格自适应剖分，得到力矩马达网格剖分，如图3－7所示。衔铁上的通电线圈为力矩马达提供了控制磁场，建立线圈结构的模型后，需设定线圈截面上的激励源类型，可以为电压源或电流源。根据电流和电压信号的特性，选择相应的线圈绕组模型。若电压或电流信号为交变的，则要考虑趋肤效应而选用实体绕组模型。本章对力矩马达的控制线圈通入直流电流，不考虑趋肤效应，从而将绞线绕组模型作为线圈模型。

线圈绕组通电后产生控制磁通，衔铁因受到的电磁吸力不平衡而发生偏转，由于气隙的改变，力矩马达内部的磁场分布也会改变，需要考虑线圈上的反电势。反电势公式如下：

$$E_{i} = \iiint_{R_{t}} H_{i} \cdot B_{i} \mathrm{d}R \qquad (3-17)$$

当衔铁位置发生变化时，Maxwell 3D 软件中将衔铁位移的导数转化为差分的格式进行处理，算法如下：

$$\left\{ \frac{\mathrm{d}x}{\mathrm{d}t} \right\}^{t+\Delta t} = \frac{\{x\}^{t+\Delta t} - \{x\}^{t}}{\Delta t} \qquad (3-18)$$

式中，x 为机械位移量。

输入[－40mA，40mA]范围的控制电流，控制电流为10mA时力矩马达磁场的磁感应强度分布如图3－8所示，衔铁逆时针偏转0～0.5°时的磁场强度分布云图如图3－9所示。由仿真结果可得到衔铁偏转角度 θ、输出力矩 T_{d} 和控制电流 i_{c} 的关系曲线如图3－10所示。

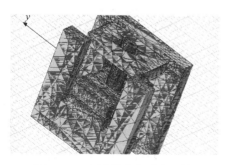

图3－7　力矩马达自适应网格

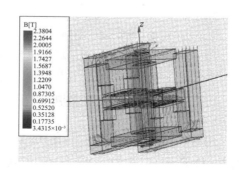

图3－8　力矩马达磁感应强度分布矢量图

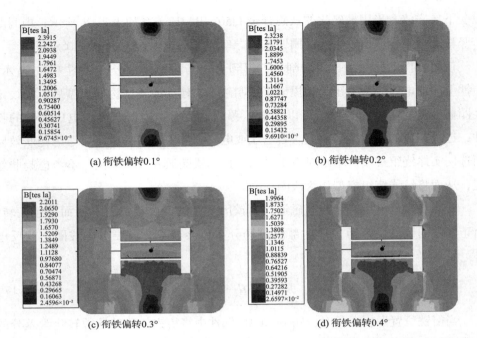

(a) 衔铁偏转0.1°   (b) 衔铁偏转0.2°

(c) 衔铁偏转0.3°   (d) 衔铁偏转0.4°

图 3 – 9   力矩马达中衔铁不同偏转角度时的磁感应强度分布云图

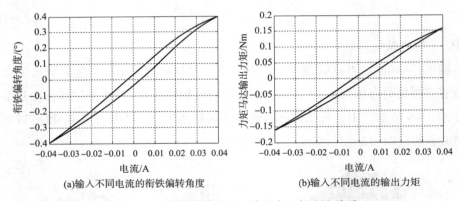

(a)输入不同电流的衔铁偏转角度   (b)输入不同电流的输出力矩

图 3 – 10   衔铁偏转角度、输出力矩与电流关系

3.2.4   力矩马达模型的修正

输入相同的控制电流,对比式(3 – 2)和有限元模拟得到的衔铁偏转角度(如图 3 – 11 所示),式(2 – 28)计算得到的输出力矩和数值模拟得到的输出力矩对比如图 3 – 12 所示。数学模型中的衔铁偏转角度和力矩马达输出力矩都与有限元模拟结果存在一定的误差,对式(3 – 2)、式(2 – 28)进行修正,模型可修正为:

$$\theta = \frac{K_t [ci_c + d(i_c)]}{K_\theta + K_{22} + K_f (r+b)^2}(1 + i_m \hat{\theta}) \qquad (3-19)$$

$$T_d = K_\theta \theta (1 + i_m \hat{\theta}) + K_t [ci_c + d(i_c)] \qquad (3-20)$$

式中，$\hat{\theta}$为辨识参数。

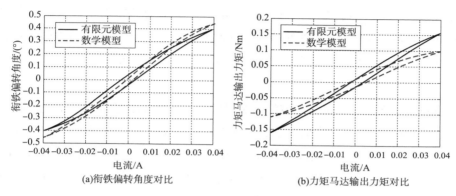

(a)衔铁偏转角度对比　　　　　　　(b)力矩马达输出力矩对比

图 3-11　力矩马达的有限元模型与数学模型对比

取控制电流幅值为 20mA，调整 $\hat{\theta}$ 的值，使得通过式（3-19）和式（3-20）所得到的值和有限元值的平方差最小，可得 $\hat{\theta} \approx 9$，修正后的仿真对比如图 3-12 所示。由修正后的结果对比可知，修正后的数学模型能够很好地模拟力矩马达的静特性和输出力矩

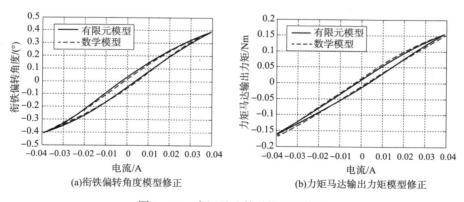

(a)衔铁偏转角度模型修正　　　　　(b)力矩马达输出力矩模型修正

图 3-12　力矩马达数学模型的修正

3.3　力矩马达的参数优化

力矩马达作为射流管伺服阀的第一环节，其动态特性直接影响整阀的动态特

性。为了提高力矩马达的动态性能，同时保证较大的力矩输出，需要对力矩马达的结构参数进行优化。

3.3.1 力矩马达的结构参数影响

由式(2-27)、式(2-33)可知，力矩马达的结构参数主要为衔铁在中立位置时每个气隙的厚度 g、衔铁的转轴到气隙中心的距离 a 和控制线圈匝数 N_c。下面讨论每个结构参数对力矩马达动态特性和输出力矩的影响。

1) 气隙的厚度 g

衔铁在中立位置时每个气隙的初始厚度为 0.421mm，设定其变化范围为 $g \in [0.3, 0.5]$ mm，列举其中的 3 个数，如 0.3mm，0.42mm，0.5mm。在气隙厚度变化的同时，阻尼也会变化，气隙厚度越小，阻尼越小，关系式为 $B_r = 4.762g$。电流输入为 40mA，3 个气隙厚度对应的力矩输出和衔铁偏转角度的阶跃响应如图 3-13 所示，力矩马达输出力矩随着气隙厚度的增加而减小，但由于阻尼的增大，阶跃响应的调节时间和超调量都减小。因此，选取合适的气隙厚度要兼顾输出力矩和动态特性。

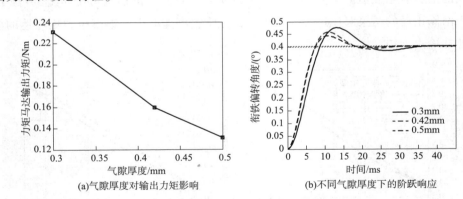

图 3-13　气隙厚度对力矩马达特性的影响

2) 衔铁的转轴到气隙中心的距离 a

由式(2-33)可知，衔铁的转轴到气隙中心的距离 a 越大，力矩马达的输出力矩越大，a 的原始长度为 0.02m，可设定其变化范围为 $a \in [0.01, 0.03]$ m，并选取其中 3 个值为 0.01m、0.02m、0.03m，对应的输出力矩输出如图 3-14 (a) 所示。随着 a 的增大，由转动惯量的公式可知，衔铁-反馈杆组件的转动惯量 J 也会随之增大。衔铁的宽、高不变，其质量与 a 正比，则转动惯量与 a 成正

比关系为 $J = 2.64 \times 10^{-4} a$。衔铁偏转角度的阶跃响应对比如图 3-14(b)所示，随着 a 的增大，虽然静态力矩输出增大，但动态下的响应时间和超调量均增大。

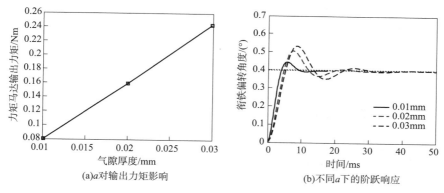

(a)a 对输出力矩影响   (b)不同 a 下的阶跃响应

图 3-14 a 对力矩马达特性的影响

3）控制线圈匝数 N_c

控制线圈的增多必定会增大静态下力矩马达的输出力矩，如式（3-20）所示，但同时会增大衔铁的质量，衔铁组件的转动惯量也随之增大。设转动惯量和线圈匝数成正比关系为 $J = 7.7 \times 10^{-9} N_c$，线圈匝数变化范围为 $N_c \in [650，850]$ 匝，选取线圈匝数为 650 匝、750 匝、850 匝，得到输出力矩曲线和阶跃响应曲线如图 3-15 所示。由图 3-15 可知，随着控制线圈匝数的增多，力矩马达的超调与调节时间都会增大。

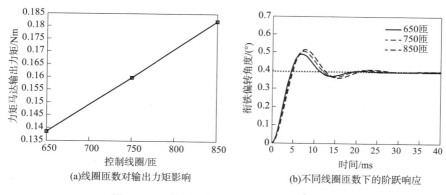

(a)线圈匝数对输出力矩影响   (b)不同线圈匝数下的阶跃响应

图 3-15   线圈匝数对力矩马达特性的影响

在选取力矩马达结构参数时，要同时考虑到力矩马达的输出力矩和动态特性，由于二者的相互制约，其中一个目标的优化效果提高，往往会造成其他目标优化的退化，同时在力矩马达的数学中存在着磁滞、磁饱和的非线性特性。遗传算法采用种群方式组织搜索并互相交流信息，其全局搜索能力强、鲁棒性强，可以处理复杂的非线性问题。根据遗传算法的优点，以及多目标遗传算法中可以不断优化当前最优解集的能力，采用多目标遗传算法对力矩马达的结构参数进行优化。

3.3.2 多目标遗传算法

多目标遗传算法(Multi-objective Evolutionary Algorithm, MOEA)是一种不断优化特定问题无支配前沿的多目标优化算法，是目前应用较广泛的一种多目标优化算法。MOEA 的一般步骤为：

(1)首先依据编码方式对个体数为 N 的种群进行随机初始化，并计算个体中不同的目标函数值，若求得的目标函数值不满足设定的优化指标或者没有达到最大迭代次数，则进入下一代的优化进程；

(2)每代优化中都进行适值分配，并按照适应值选择部分个体，将选择的个体依照预先设定的概率进行交叉、变异操作，形成子代种群；

(3)计算子代个体中的多个目标函数值，若满足优化指标或达到最大迭代次数，则结束优化，若不满足，则将新子代与父代相结合形成新的父代种群，重复步骤(2)、(3)。

在 MOEA 算法出现后，学者们相继进行改进并基于此种算法研制了智能的遗传算法，尤其是在 1989 年时 Pareto 理论被 Goldberg 提出后，基于 Pareto 最优解的 MOEA 如雨后春笋般出现。1993 年，Fonseca 和 Fleming 研究了基于 Pareto 最优解的 MOEA。Horn 等人提出了 NPGA(Niched Pareto Genetic Algorithm)。1994 年，Srinivas 和 Deb 提出了 NSGA(Non – Dominated Sorting Genetic Algorithm)。多年的研究表明，基于 Pareto 最优解的 MOEA 具有很好的优化能力，其中的 NSGA – 2算法是被广泛应用的一种高效的多目标遗传算法。NSGA – 2 是由 Srinivas 和 Deb 在 2000 年针对 NSGA 的缺点提出的新的多目标遗传算法，它克服了 NSGA 算法中无支配排序计算量过高、无精英保存和需要人为分配参数3 个缺点。相对于 NSGA，NSGA – 2 在保证计算量较小的同时，采用了优化的适值分配方法，提高了算法的搜索效率，并保持了种群多样性和优秀个体，而且摆脱了一些参数设置的人为干预。NSGA – 2 的主要改进在适配分配上，其主要分为 3 个步骤：首先，采用快速无支配行排序方法对种群进行排序，排序后的种群被分割成多个无支配前沿，具有相同支配行的个体被分配在同一个无支配前沿；其次，对每个无支配前沿中的个体进行拥挤距离（Crowding distance）计算，即通过计算相邻个体的目标函数差值来判断密集程度，该步骤保证了种群的多样性；最后，结合上述两个步骤的数值，得到每个个体对应的适应值。

1）无支配性排序。

（1）对于种群的个体 p。

①初始化一个空集 S_p，该集合存储被 p 支配的个体。

②初始化整数 $n_p = 0$，n_p 为支配 p 的个体数。

③对于种群中的个体 q 有：

a. 如果 p 支配 q，那么将个体 q 加入集合 S_p 中，可写为 $S_p = S_p \cup \{q\}$。

b. 如果 q 支配 p，那么将支配个体 p 的数目 n_p 加 1，可写为 $S_p = S_p \cup \{q\}$。

④如果 $n_p = 0$，则没有支配个体 p 的个体，p 属于第一个前沿，个体 p 的秩为 1，即 $p_{\text{rank}} = 1$。将个体放入当前沿中，例如在第一沿中可写为 $F_1 = F_1 \cup \{p\}$

（2）将种群中的每个个体进行上述操作。

（3）初始化前沿标志位，令 $i = 1$，如果 $F_i \neq \varphi$，则有：

①$Q = \varphi$，该集合储存秩为 $i + 1$ 的前沿。

②对于前沿 F_i 中的个体 p，对于集合 S_p 中的每个 q，令 $n_q = n_q - 1$，即让支配 q 的个数减一；如果 $n_q = 0$，则在该集合中没有支配 q 的个体，q 的秩为 $i + 1$，将个体 q 加入集合 Q 中，有 $Q = Q \cup q$。

③令 Q 为下一个前沿，并令 $F_i = Q$。

2）拥挤距离

当完成了无支配排序，需要指定每个序列中个体的拥挤距离，即计算对于每个目标函数值，指定某个体的相邻个体间的距离。

（1）对于每个前沿 F_i，n 为其中的个体数目。

①初始化每个个体的拥挤距离为 0，如 $F_i(d_j) = 0$，则 j 代表 F_i 中的第 j 个个体

②对于每个目标函数 m。

a. 针对目标 m 将 F_i 中的个体排序，如 $I = sort(F_i, m)$。

b. 令 $I(d_1) = \infty$，$I(d_n) = \infty$，保证边界值被选中。

c. 对于 F_i 排序后的个体 k，$k \in [2, n-1]$

$$I(d_k) = I(d_k) + \frac{I(k+1) \cdot m - I(k-1) \cdot m}{f_m^{\max} - f_m^{\min}}$$

式中，$I(k) \cdot m$ 为第 k 个个体的第 m 个目标函数值。

3）选择

当进行无支配排序和拥挤距离计算后，开始对个体进行选择，引入支配符号 $<_n$，如 $p <_n q$，表示 p 支配 q。

对于拥挤距离 $F_i(d_j)$，如果 $p_{rank} < q_{rank}$ 或者当 p、q 属于同一个前沿 F_i 时，则 $F_i(d_p) > F_i(d_q)$；当个体 p 满足上述条件时中的一个，则选择 p。

4）基因操作

（1）交叉。

实数编码时，可采用模拟二进制交叉算法，算法如下：

$$p_1^1 = \frac{1}{2} \left[(1-\beta)p_1 + (1+\beta)p_2 \right] \tag{3-21}$$

$$p_2^2 = \frac{1}{2} \left[(1+\beta)p_1 + (1-\beta_k)p_2 \right] \tag{3-22}$$

式中，p_i^i 为第 i 个子代；p_i 为选择的父代；β 为随机变量。

β 可写为：

$$\beta = \begin{cases} (2u)^{\frac{1}{(\eta+1)}} & , \ u \leqslant 0.5 \\ \dfrac{1}{\left[2(1-u) \right]^{\frac{1}{\eta+1}}} & , \ u > 0.5 \end{cases} \tag{3-23}$$

式中，u 为均匀分布于区间（0，1）上的随机数；η 为交叉参数，代表了继续父代特征多少。

（2）变异。

采用多项式变异，算法如下：

$$p_k^k = p_k + (p_k^u - p_k^l)\delta_k \tag{3-24}$$

式中，p_k^k 为子代；p_k 为父代；p_k^u、p_k^l 为父代的上、下界。

δ_k 为扰动项，可表示为：

$$\delta_k = \begin{cases} (2r_k)^{\frac{1}{\eta_m+1}} - 1, & r_k < 0.5 \\ 1 - \left[2(1-r_k) \right]^{\frac{1}{\eta_m+1}}, & r_k \geqslant 0.5 \end{cases} \tag{3-25}$$

式中，r_k 为分布于区间（0，1）上的随机数；η_m 为变异参数。

5）精英策略选择个体

精英策略选择可以保存父代中优秀的个体，以防止获得 Pareto 最优解丢失，其算法规则为：将前沿中个体按照秩的从小到大顺序放入到子代中，若在放入第 j 个前沿时，个体数超过种群数 N，则将第 j 个前沿中的个体按照拥挤距离从大到小的顺序放入子代中，直到子代中个体数达到 N。通过非支配排序后产生多个前沿集合，但被选入新种群的只有一小部分。如图 3 – 16 所示，前沿集 F_1 和 F_2 都被选入了子代群体 P_{t+1} 中，但集合 F_3 中只有一小部分进入子代群体 P_{t+1} 中。

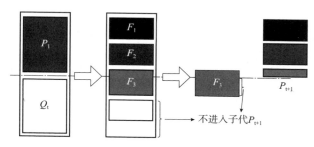

图 3 – 16　新群体形成

3.3.3　结构参数优化

对力矩马达结构参数优化的目的是提高其动态性能，使超调量和调节时间尽量小，并保证较大的力矩输出，因此进行优化的目标函数为式（3 – 26），优化的参数及范围见表 3 – 2。

$$
\begin{cases}
\max F_1(\vec{x}) = [\, T_d(\vec{x}) \,] \\
\min F_2(\vec{x}) = [\, \sigma_t(\vec{x}) \,] \\
\min F_3(\vec{x}) = [\, t_{ts}(\vec{x}) \,]
\end{cases}
\tag{3 – 26}
$$

式中，$T_d(\vec{x})$ 为力矩马达的输出力矩；$\sigma_t(\vec{x})$ 为力矩马达阶跃响应的超调量；$t_{ts}(\vec{x})$ 为力矩马达阶跃响应的调节时间，$\vec{x} = [\, a,\ g,\ N_c \,]$。

为了保持 3 个目标函数值都为求取最小值，将式（3 – 26）改为：

$$
\begin{cases}
\min F_1(\vec{x}) = [\, -T_d(\vec{x}) \,] \\
\min F_2(\vec{x}) = [\, \sigma_t(\vec{x}) \,] \\
\min F_3(\vec{x}) = [\, t_{ts}(\vec{x}) \,]
\end{cases}
\tag{3 – 27}
$$

表 3 - 2　力矩马达优化参数

g/mm	a/mm	N_c/匝
0.3 ~ 0.5	10 ~ 30	650 ~ 850

设定种群个数为 100，遗传代数为 300，交叉率为 0.9，变异率为 0.1，交叉参数为 20，变异参数为 20，按照 NSGA - 2，各个模块的流程图如图 3 - 17 所示。

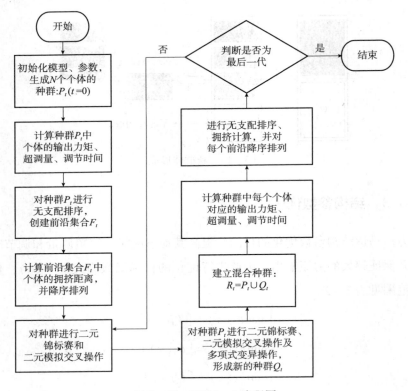

图 3 - 17　NSGA - 2 流程图

仿真结果如图 3 - 18 ~ 图 3 - 20 所示，图 3 - 18 为第 5 代的参数和种群分布，参数分布范围较大，很多个体存在相互支配关系。图 3 - 19 为第 50 代的参数种群分布，参数分布范围减小，种群向最优化进化。图 3 - 20 为第 300 代的参数种群分布，种群个体已经不存在相互支配关系，均匀分布于最优解集中。

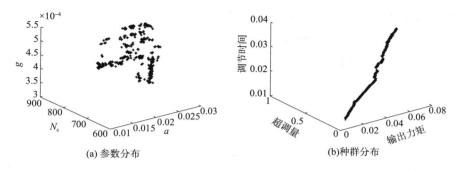

(a) 参数分布   (b)种群分布

图 3 – 18　第 5 代的参数和种群分布

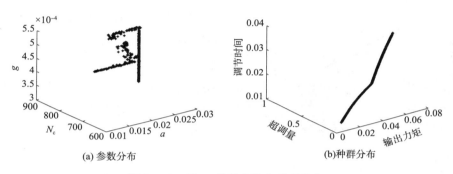

(a) 参数分布   (b)种群分布

图 3 – 19　第 50 代的参数和种群分布

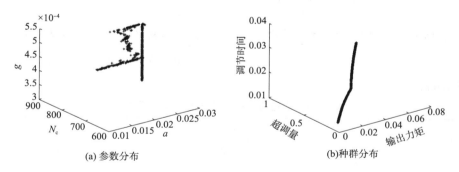

(a) 参数分布   (b)种群分布

图 3 – 20　第 300 代的参数和种群分布

3.3.4　优化结果的可视化及分析

如图 3 – 18 ~ 图 3 – 20 所示的最优解集前沿为三维图，不利于最优解的选取，因此采用平面凸多边形的方法，将三维数据映射到二维平面多边形中。首先，将种群中的每个个体中的每个目标值转换为 0 ~ 1 区间内的相对值，转换公式见式（3 – 28），转换后的相对值为 0，则为最优目标值，转换后的相对值为 1，则为最差目标值；其次，根据转换后的相对值，计算出每个种群在平面多边形中的映射向量值 P，计算公式见式（3-29）；最后，将种群个体都映射到多边形中，力矩马达的最优解集映射如图 3-21 所示。

$$t_{i,j} = \frac{a_{i,j} - a_{j,\min}}{a_{j,\max} - a_{j,\min}} \qquad (3-28)$$

$$P_i = \frac{\sum_j t_{i,j} V_j}{\sum_j t_{i,j}} \qquad (3-29)$$

式中，$t_{i,j}$ 为第 i 个种群的第 j 个目标值的相对值；$a_{i,j}$ 为原始目标值；$a_{j,\max}$ 为种群中原始目标值的最大值；$a_{j,\min}$ 为种群中原始目标值的最小值；V_j 为每个目标值的权重，优先考虑力矩马达的动态性能，则选择超调量和调节时间的权重为 0.4，选择输出力矩的权重为 0.2。

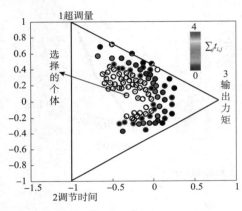

图 3-21　种群的平面多边形映射

如图 3-21 所示，靠近三角形中心的解要优于靠近三角形边的解，因此，选择靠近中心的个体，力矩马达的最优结构参数为 $g = 0.45$mm、$a = 24.6$mm、$N_c = 848$ 匝，与原始参数的对比如表 3-3 所示。

表 3-3　力矩马达结构参数的优化前后对比

参数	原始值	优化后
g/mm	0.42	0.45
a/mm	20	24.6
N_c/匝	750	848

根据优化后的力矩马达结构参数，得到优化后的力矩马达力矩输出如图 3-22 所示，优化后的力矩马达输出力矩达到了 0.17Nm，提高了 13.3%。力矩马达阶跃响应的优化前后对比如图 3-23 所示，超调量减小了 12%，调节时间减小了 17.6%。力矩马达优化后性能对比如表 3-4 所示。

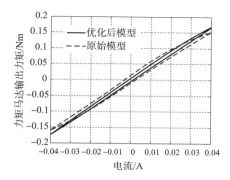

图 3-22 优化后的力矩马达力矩输出对比   图 3-23 优化后的力矩马达阶跃响应对比

表 3-4 目标值的优化前后对比

	原始值	优化后	改善
T_d/Nm	0.15	0.17	13.3%
σ_t/%	25%	10%	12%
t_{ts}/ms	17	14	17.6%

同时，力矩马达的频率响应也得到了改善，如图 3-24 所示，幅频宽提高到了 1110Hz，相频宽提高到了 1050Hz，谐响应频率提高到了 1100Hz，同时其谐响应幅值也得到了降低，提高了力矩马达的稳定性。优化前后的频率特性对比如表 3-5 所示。

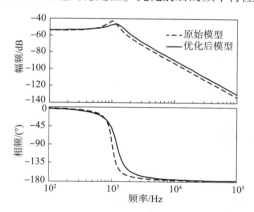

图 3-24 优化后的力矩马达频率响应对比

表 3-5 力矩马达频率特性的优化前后对比

	原始值	优化后	改善
幅频宽/Hz	1050	1110	4.8%
相频宽/Hz	1020	1050	2.9%
谐响应频率/Hz	1000	1050	5%

第4章　射流管伺服阀前置级瞬态流场分析及参数优化

射流管伺服阀的前置级承接了力矩马达和阀芯，其作用是将力矩马达电磁能转换成阀芯的机械能，通过阀芯的运动实现射流管伺服阀的压力与流量的输出。由于前置级内部复杂的紊动淹没流场，国内外学者多采用计算流体力学分析其内部流场，但多数研究者只是研究了静态下的流场分布。在动态下，由于阀芯的运动而引起的流固耦合关系及射流管的动态偏转引起的射流变化，会对流场产生很大的影响。阀芯腔缩小的一端，压力梯度呈现负增长而引起流体回流，会出现不同尺度的漩涡。漩涡的大小、强度会不同程度地影响正向流。射流管的偏转也会造成接收孔的压力、流量的变化。

本章基于 CFD 方法与动网格技术，结合力矩马达、反馈组件和流场的耦合关系分析了射流管伺服阀在动态响应下的流场分布。根据数值分析的结果对第 2 章中前置级的数学模型进行了修正。最后利用粒子群自适应优化算法对射流管伺服阀的前置级结构参数进行了优化，并给出了优化前后的动态响应对比。

4.1　射流管伺服阀前置级的数值模拟前处理

4.1.1　控制方程及湍流模型选择

射流管伺服阀前置级的流场流速较高，其内部流场常处于湍流运动状态。忽略油液的传热、体积力及压缩性，可通过不可压缩的雷诺平均方程、连续性方程及标准 $k - \varepsilon$ 二方程模式进行前置级流场的数值模拟。

雷诺平均方程为:

$$\frac{\partial \overline{u_i}}{\partial t} + \frac{\partial \overline{u_i}\,\overline{u_j}}{\partial x_j} = -\frac{1}{\rho}\frac{\partial \overline{p}}{\partial x_i} + \frac{1}{\rho}\frac{\partial(-\rho\,\overline{u'_i u'_j})}{\partial x_j} + v\,\frac{\partial^2 \overline{u_i}}{\partial^2 x_j} \qquad (4-1)$$

连续性方程为:

$$\frac{\partial u_i}{\partial x_i} + \frac{\partial u_j}{\partial x_j} + \frac{\partial u_l}{\partial x_l} = 0 \qquad (4-2)$$

式中, ρ 为油液密度; x_i、x_j 及 x_l 分别为流体在 i、j 及 l 方向上的速度; v 为油液的运动黏度。

由于式 (4-1) 中 $-\rho\,\overline{u'_i u'_j}$ 的存在,雷诺平均方程不封闭,需要建立关于雷诺应力的模型假设。标准 $k-\varepsilon$ 模式可以计算复杂的湍流,是目前应用最广泛的湍流模式,已经被成功应用在多种不同类型的流场,模型表示为:

$$-\overline{u_i u_j} = v_t\left(\frac{\partial \overline{u_i}}{\partial x_j} + \frac{\partial \overline{u_j}}{\partial x_i}\right) - \frac{1}{3}\left(\frac{\partial u_i}{\partial x_j} + \frac{\partial u_j}{\partial x_i}\right)k \qquad (4-3)$$

$$v_t = C_\mu \frac{k^2}{\varepsilon} \qquad (4-4)$$

式中, k 为湍流动能; v_t 为湍流黏度; C_μ 为经验常数,取 0.09; ε 为湍能耗散率。

其中,湍流动能 k 的方程为:

$$\frac{Dk}{Dt} = \frac{\partial}{\partial x_1}\left[C_k\frac{k^2}{\varepsilon}\frac{\partial k}{\partial x_1} + v\frac{\partial k}{\partial x_1}\right] + P - \varepsilon \qquad (4-5)$$

式中, P 为湍动能生成项, $P = 2v_t\delta_{ij}\delta_{ij}$, $\delta_{ij} = (\partial u_i/\partial x_j + \partial u_j/\partial x_i)/2$; C_k 为经验常数,取 0.09。

湍动能耗散率 ε 的方程为:

$$\frac{D\varepsilon}{Dt} = \frac{\partial}{\partial x_1}\left[C_\varepsilon\frac{k^2}{\varepsilon}\frac{\partial \varepsilon}{\partial x_1} + v\frac{\partial \varepsilon}{\partial x_1}\right] - C_{\varepsilon 1}\frac{\varepsilon}{k}\overline{u_i u_1}\frac{\partial \overline{u_i}}{\partial x_1} - C_{\varepsilon 2}\frac{\varepsilon^2}{k} \qquad (4-6)$$

式中, $C_\varepsilon = 0.09$, $C_{\varepsilon 1} = 1.44$, $C_{\varepsilon 2} = 1.92$。

4.1.2 动网格技术

工作中的大部分流体机械的流体边界在不断发生变化,或移动,或变形,就如同本章伺服阀前置级中的射流管和阀芯两端容腔,其内部的流场会随着边界条件的改变而变化,要计算边界条件变化的流场,需用到 FLUENT 中提供的动网格技术。该技术可以模拟大部分的流场边界运动,如旋转、直线运动及变形等。这种边界运动方式采用 FLUENT 中内嵌的用户定义函数(User Defined Function,UDF)来编写,可以是用户预先定义的,也可以根据每个时间步流场的变化而定义,如本章中前置级中的射流管偏转与阀芯两端容腔直线运动,都是依据每个时间步的流场及前置级所受到的其他力矩耦合关系来决定的。FLUENT 软件中的动网格流场计算方法是基于通量守恒的有限体积法,在流场的移动边界中,任何控制体积 V 上的标量 φ 的守恒方程为:

$$\frac{\mathrm{d}}{\mathrm{d}t}\int_V \rho\varphi \mathrm{d}V + \int_{\partial V} \rho\varphi(\vec{u} - \vec{u}_g) \cdot \mathrm{d}\vec{A} = \int_{\partial V} \Gamma \nabla\varphi \cdot \mathrm{d}\vec{A} + \int_V S_\varphi \varphi \mathrm{d}V \qquad (4-7)$$

式中,$V(t)$ 为控制体积,控制体积的大小可随时间变化而变化;$\partial V(t)$ 为控制体积边界的变化;Γ 为各控制体积间的扩散系数;$\vec{u}_g$ 为网格的运动速度;S_φ 为源项;ρ 为流体的密度;$\vec{u}$ 为流体的运动速度。

用一阶向后差分离散化得到:

$$\frac{\mathrm{d}}{\mathrm{d}t}\int_V \rho\varphi \mathrm{d}V = \frac{(\rho\varphi V)^{n+1} - (\rho\varphi V)^n}{\Delta t} \qquad (4-8)$$

从而可计算前后时间步的控制体积为:

$$V^{n+1} = V^n + \frac{\mathrm{d}V}{\mathrm{d}t}\Delta t \qquad (4-9)$$

式中的微分项 $\mathrm{d}V/\mathrm{d}t$ 可计算为:

$$\vec{u}_{g,j} \cdot \vec{A}_j = \frac{\delta V_j}{\Delta t} \qquad (4-10)$$

式中,δV_j 为面 j 在 Δt 时间内扫出的体积。

4.1.3　射流管伺服阀前置级的模型描述

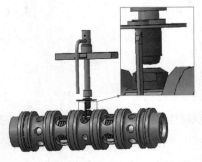

射流管伺服阀前置级的 3D 模型如图 4-1 所示,其包括反馈组件、射流管、喷嘴和阀芯两端。从前置级抽取出的流场域如图 4-2(a)所示,高压油液通过柔性管进入伺服阀的射流管,经喷嘴高速出射,射流进入接收孔,接收孔和阀芯两端容腔连接,两端容腔油液的压差大小决定负载流量的多少,接收孔与

图 4-1　射流管伺服阀前置级 3D 模型

喷嘴间的圆盘缝隙与伺服阀的回油口相通，多余的油液从此处流出，所以喷嘴与接收孔间的流场相当复杂。选择喷嘴前端到阀芯两端容腔为数值模拟范围，其中喷嘴前端和圆盘侧面分别为油液入口和出口，结合某型射流管伺服阀的结构参数，考虑到射流管的偏转，建立前置级动态仿真三维数值模型如图 4 - 2（a）所示。图 4 - 2（a）中模型的参数为：喷嘴长 10mm，直径为 1.2mm；圆盘高为 0.4mm，半径为 6mm；两接收孔间距为 0.1mm，接收孔半径为 0.2mm，夹角为 45°；阀芯两端容腔厚度为 2mm，半径为 3mm。

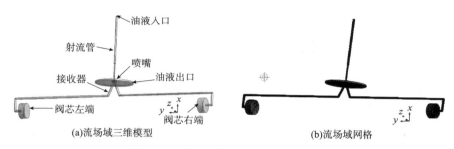

(a)流场域三维模型　　　　　　　　　　　　(b)流场域网格

图 4 - 2　射流管伺服阀前置级流场域

4.1.4　射流管伺服阀前置级的运动分析

射流管伺服阀前置级的运动主要包括射流管的偏转和阀芯的直线运动。假设衔铁带动射流管顺时针偏转0.3°，阀芯两端会产生压差。在阀芯的运动过程中，反馈杆会变形，同时会带动反馈组件中的射流管逆时针偏转，直到阀芯处于平衡状态。同时，由于稳态液动力的存在，射流管仍会保持一定角度的偏转。

1）射流管偏转

由伺服阀结构及工作原理可知，射流管的偏转角度衔铁偏转角度一致，其与阀芯位移和反馈组件重心位移有关，由式（2 - 32）、式（2 - 33）可知关系式为：

$$[k_f(r+b) - k_{11}r_1 - k_{12}]\theta + k_f x_v = x_g(k_{11} + k_f) \qquad (4-11)$$

由于只考虑到流场域的计算，这里假设衔铁反馈组件的平动位移为0，则上式变为：

$$[k_{11}r_1 - k_f(r+b) + k_{12}]\theta = k_f x_v \qquad (4-12)$$

2）阀芯受力分析

阀芯上的作用力主要有反馈杆的反馈力、两端容腔压力、侧压摩擦力、极化分子固有力、稳态液动力和瞬态液动力。

阀芯两端容腔的压力通过流体网格上压力的积分来计算，积分面为左右两腔面积，压力为阀芯两端的压力分布，其计算公式为：

$$F_p = F_1 - F_2 = \oint_{A_1} p_i dA - \oint_{A_2} p_j dA = \sum_M p_i A_i - \sum_N p_j A_j \qquad (4-13)$$

式中，F_p 为阀芯两端合力；A_1、A_2 分别为阀芯左、右两端面积；p_i、p_j 为流体网格上的压力；M、N 为阀芯左右两端的流体网格数。

结合式(4-12)、式(4-13)、式(2-109)，得到阀芯的动力学方程为：

$$F_p - f_{la} - F_y + F_{ZR} = m_v \ddot{x}_v + B_v \dot{x}_v \qquad (4-14)$$

4.1.5 用户定义函数

式(4-11)~式(4-13)分析了射流管伺服阀前置级的运动，但 FLUENT 中无法直接执行这些公式，需用使用内嵌的 UDF 来定义前置级的运动。UDF 流程图如图 4-3 所示，在计算阀芯上受到的力后，再计算阀芯的速度和射流管的角速度，运用 UDF 内嵌函数 CG_MOTION 定义阀芯两端容腔的直线运动及射流管的偏转。

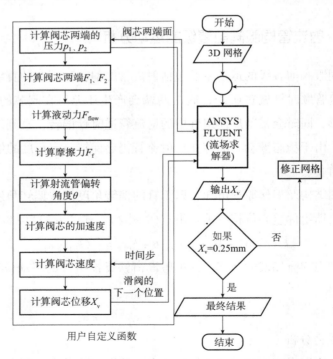

图 4-3 射流管伺服阀前置级的运动 UDF 流程图

4.1.6 网格生成与边界条件

由前置级流场域生成的网格如图 4 - 2（b）所示，其中包含有 289324 个网格单元、63217 个节点。介质选用 15 号航空液压油，密度为 855kg/m³，动力黏度为 0.01245Pa·s。射流管伺服阀在航空航天应用中长期处在高压状态下，因此设置进油口为压力入口边界，压力为 21MPa，出油口为压力出口边界，压力为 0.5MPa。

4.2 射流管伺服阀前置级的 CFD 仿真结果分析

基于有限体积法，当残差曲线收敛到所设置的收敛精度以下时仿真完成，一般设定为 10^{-5} 即可满足计算精度。设定射流管的初始偏转角度为逆时针 0.3°，即给定射流管伺服阀阶跃信号。

4.2.1 速度矢量和压力分布

图 4 - 4 ~ 图 4 - 6 为 CFD 仿真结果，速度矢量如图 4 - 4 所示，流线图如图

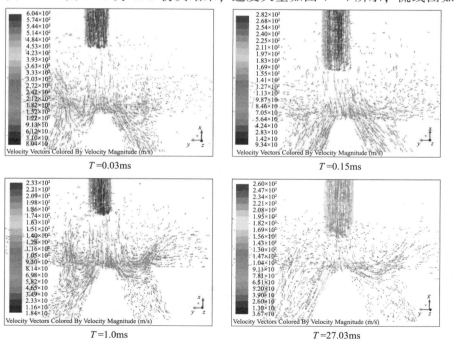

图 4 - 4 前置级各时刻速度矢量图

4-5所示，压力和速度矢量云图如图4-6所示，图中的时间为阀芯从闭合到终点的4个时刻，在起始时刻 $T=0.03\text{ms}$ 时，射入左接收孔的流体明显多于右接收孔中的，阀芯左腔的压力远大于右腔压力，阀芯所受到的负载压力较大，以较快的速度向右运动。阀芯左腔体积快速增大，右腔体积快速减小，导致负载压力减小，作用在阀芯上的合力方向变换为左向，阀芯开始减速，阀芯两容腔的压力趋于平衡，如时刻 $T=$

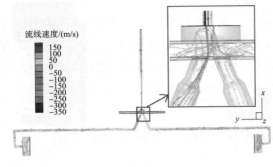

图 4-5　前置级的流线图

0.15ms 时，左右两容腔的压力基本一致。阀芯速度减小后，由于偏转射流，左腔压力又会大于右腔，如时刻 $T=1.0\text{ms}$，阀芯又会加速。阀芯就是在负载压力、反馈力、液动力及摩擦力等作用下加速、减速，直到阀芯速度为零，同时作用在阀芯上的合力为零，阀芯达到位移 0.2mm 处，如时刻 $T=27.03\text{ms}$，阀芯保持和输入电流成正比的窗口开度。

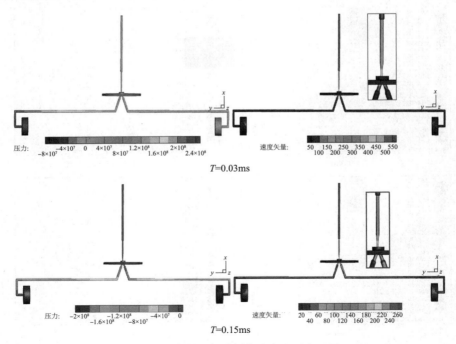

图 4-6　前置级各时刻的速度和压力云图

・74・

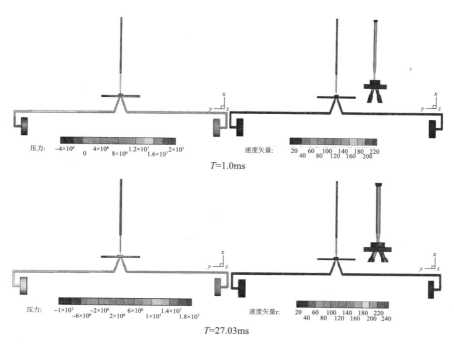

压力: -4×10^6 　 0 　 4×10^6 　 8×10^6 1.2×10^7 1.6×10^7 2×10^7

速度矢量: 20　60　100　140　180　220
　　　　　40　80　120　160　200

T=1.0ms

压力: -1×10^7 　 -2×10^6 　 2×10^6 　 6×10^6 　 1×10^7 　 1.4×10^7 　 1.8×10^7
　　　　　-6×10^6

速度矢量r: 20　60　100　140　180　220
　　　　　　40　80　120　160　200　240

T=27.03ms

图4-6　前置级各时刻的速度和压力云图(续)

4.2.2　前置级的运动分析

前置级流场域的运动主要为射流管的偏转和阀芯的直线运动，起始时刻，阀芯左腔的压力突然增大，阀芯会出现短暂的往复运动，如图4-7中阀芯的位移-时间曲线，之后阀芯会一直向右运动，直到位移达到0.2mm，阀芯会保持一定的窗口开度。同时，射流管因受到反馈力的作用会顺时针偏转，直到回到中位，射流管的偏转角度随时间的变化曲线如图4-8所示。阀芯运动过程中，其受到的合力如图4-9所示，合力振幅逐渐降低。当阀芯静止后，合力为零，伺服阀内部保持力平衡，伺服阀输出与电流成比例的流量和压力。

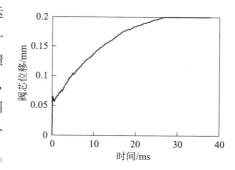

图4-7　阀芯位移-时间曲线

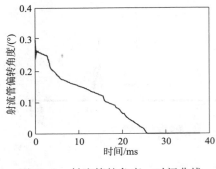

图 4 - 8　射流管的角度 - 时间曲线

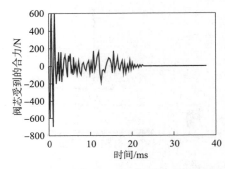

图 4 - 9　阀芯上的合力 - 时间曲线

4.3　前置级参数对其动态响应的影响

射流管伺服阀前置级的流场域主要为射流液压放大器，影响前置级动态特性的主要结构参数为射流液压放大器的接收孔夹角 θ_r、喷嘴与接收孔的距离 l_j 和接收孔半径 R_r。

4.3.1　接收孔夹角的影响

接收孔为射流管与阀芯两腔间流体传导的桥梁机构，接收孔间的夹角大小会影响湍流中的涡量强度，从而影响射流管伺服阀的动态响应。前述为接收孔夹角 45°时的仿真结果，分别增大与减小夹角角度，设定为 36°及 50°，仿真结果如图 4 - 10 所示。

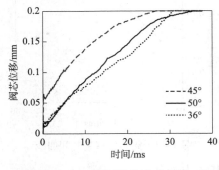

图 4 - 10　不同接收孔夹角的
阀芯位移对比

冀宏等人研究认为，射流液压放大器静态下的接收孔夹角越小，阀芯两端的负载压力越大，阀芯越快达到指定位置。但在动态下，接收孔夹角对前置级的动态影响则不确定，如图 4 - 10 所示，当接收孔夹角为 30°时，阀芯位移达到终点位置 0.2mm 时的时间反而大于接收孔夹角为 45°时的，同时在 30ms 前，其阀芯位移速度也小于接收孔为 50°时的，但在 30ms

后，其阀芯位移超过接收孔夹角为 50°时的。导致这个结果的原因是，阀芯和流体耦合后形成的涡流，图 4 - 11 为 20ms 时刻不同接收孔夹角的涡量强度云图，接收孔夹角为 45°、36°及 50°的同时刻涡量强度不同。45°夹角的接收孔涡量强度最小，最大的涡量为 $4 \times 10^6 \ s^{-1}$，接收孔夹角为 36°时的涡量为 $5.5 \times 10^6 \ s^{-1}$，接收孔夹角为 50°时的涡量强度最大，涡量为 $6 \times 10^6 \ s^{-1}$。

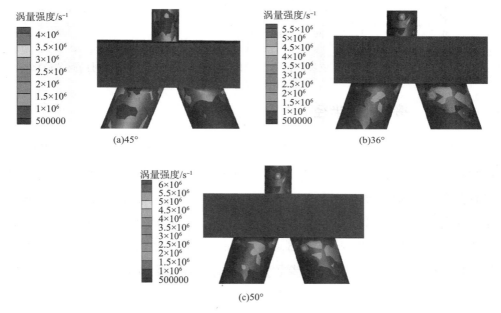

图 4 - 11　20ms 时刻不同接收孔夹角涡量云图

4.3.2　喷嘴与接收孔的距离

由 2.3.1 节的射流理论可知，喷嘴与接收孔的距离 l_j 会影响等效直径 D_{ij} 的大小，其取值范围一般为 0.1 ~ 0.5mm。选取其中的 0.1mm、0.4mm 和 0.5mm 进行数值模拟，其他参数不变，接收孔夹角依然为 45°，仿真结果如图 4 - 12 所示。

如图 4 - 13 所示，喷嘴与接收孔的间距越小，阀芯达到终点位置的时间越短，这是由于 l_j 越小，射流以速度 u_j 射入接收孔的流束越多，即接收孔接收到的势流区的射流越多，因此射流的损耗越小，射流液压放大器的效率越高。

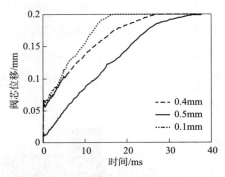 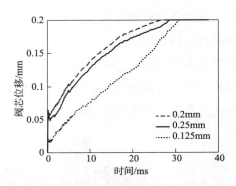

图 4 – 12 l_j 不同时的阀芯位移对比   图 4 – 13   接收孔半径不同时的阀芯位移对比

4.4.3   接收孔的半径

李跃松通过研究认为，接收孔的半径 R_r 要等于或大于射流管喷嘴半径 r_j，接收孔接收的射流越多，液压放大器效率较高。射流喷嘴 $r_j = 0.125\text{mm}$，则需要接收孔半径 $R_r \geqslant 0.125\text{mm}$。但接收半径 R_r 过大时，进入接收孔的射流紊动混合层中的流体会增多，这会增大接收孔中的涡量，反而会影响前置级的动态响应。一般设计接收孔半径范围为 $0.125 \sim 0.25\text{mm}$，选取 0.125mm、0.2mm、0.25mm 作为数值模拟的参数，其他结构参数为原始参数，仿真结果如图 4 – 12 所示。

如图 4 – 13 所示，随着接收孔半径的增大，阀芯达到终点的时间缩短，但当接收孔半径超过一定限度，如 $R_r = 0.25\text{mm}$，进入接收孔的紊流增多，影响了液压放大器的能量传递效率，该参数下的阀芯平均位移速度反而减小。

4.4   射流液压放大器数学模型的修正

射流管伺服阀前置级的主要作用是使阀芯按照输入的电流快速地、稳定地打开所需的窗口面积，从而获得与电流成比例的压力、流量输出，它的主要部件为射流液压放大器。为了优化射流液压放大器的结构，需要建立其准确的数学模型。可利用本章数值分析的结果对第 2 章中液压放大器的动力学模型进行修正，从而获得射流液压放大较准确的数学模型。

由式(2 – 84)、式(2 – 109)、式(2 – 110)可得到输出为阀芯位移 x_v，输入为喷嘴偏转角度 θ 的传递函数如下：

$$\frac{x_{v}(s)}{\theta(s)} = \frac{k_p A_v r}{m_v s^2 + (B_v + C_m WL \sqrt{2\rho\Delta p} + k_q A_v^2)s + (0.43WP_s + k_{la})} \quad (4-15)$$

令输入射流喷嘴的角度 $\theta = 0.3°$，得到阀芯位移的阶跃响应与数值模拟的对比，如图 4 - 14 所示。在起始时刻，数值模拟的阀芯位移快速达到 0.07mm 位移处，然后位移出现轻微振荡，这是由于流固耦合引起的涡量造成的，10ms 后，阀芯位移平稳上升。在数学模型中没有流固耦合作用，阀芯位移曲线在 20mm 前都较平稳光滑，但在 23ms 后出现超调，并有小幅振荡，最后平稳达到终值 0.2mm 处。

在对数学模型修正时，可在传递函数式（4 - 15）的分子上乘以比例因子 0.8，在分母的第二项前乘以 0.85，如式（4 - 16）所示，修正结果如图 4 - 15 所示。

$$\frac{x_{v}(s)}{\theta(s)} = \frac{0.8 \cdot k_p A_v r}{m_v s^2 + 0.85 \cdot (B_v + C_m WL \sqrt{2\rho\Delta p} + k_q A_v^2)s + (0.43WP_s + k_{la})}$$

$$(4-16)$$

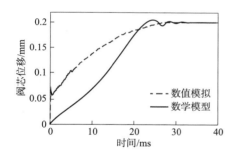

图 4 - 14 射流液压放大器模型对比

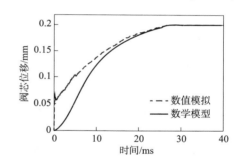

图 4 - 15 射流液压放大器的修正数学模型

射流液压放大器优化的目的是实现阀芯位移的快速、稳定响应，因此确立优化的目标函数为式（4 - 16）中的超调量 σ_h 及调节时间 t_{hs}，公式为：

$$J_1 = \sigma_h = \exp\left[\frac{-\pi\left(\dfrac{B_v + C_m WL \sqrt{2\rho\Delta p} + k_q A_v^2}{2\sqrt{K_p A_v r m_v}}\right)}{\sqrt{1 - \left(\dfrac{B_v + C_m WL \sqrt{2\rho\Delta p} + k_q A_v^2}{2\sqrt{K_p A_v r m_v}}\right)^2}}\right] \quad (4-17)$$

$$J_2 = t_{hs} = \frac{7m_v}{B_v + C_m WL \sqrt{2\rho\Delta p} + k_q A_v^2} \quad (4-18)$$

由于一组参数不能同时使两个目标值达到最优，因此需要根据各目标的权重来设定最终目标函数值，其形式为：

$$p(x) = \sum_{i=1}^{2} \left[\frac{J_i - J_i^{(0)}}{J_i^{(0)}} \right]^2 \qquad (4-19)$$

式中，J_i 为第 i 个分目标函数；$J_i^{(0)}$ 为第 i 个分目标函数的期望值；$1/J_i^{(0)}$ 为第 i 个目标的权系数。

4.5 射流液压放大器的参数优化

为了提高射流液压放大器的能量转换效率，需要对射流液压放大器的接收孔夹角 θ_r、喷嘴与接收孔的距离 l_j 和接收孔半径 R_r 这 3 个参数进行优化，采用修正后的液压放大器数学模型式(4-14)作为优化设计的目标函数，参数的选取范围见表 4-1。

表 4-1 射流液压放大器的优化参数范围

$\theta_r/(°)$	l_j/mm	R_r/mm
36 ~ 50	0.1 ~ 0.5	0.125 ~ 0.25

射流液压放大器的优化目标为改善其动态特性中的超调量和调节时间，二者存在协调关系，基于粒子群的优化算法具有粒子间协调作用关系，且收敛速度快。鉴于其优点，本章利用该优化算法对射流液压放大器的参数进行优化。

4.5.1 粒子群优化算法的基本原理

Kennedy 和 Eberhart 在 1995 年深入研究了鸟群觅食过程，并受到启发提出了粒子群算法。粒子群算法的基本思想为：通过优化限制随机设定一组解，对给定的解不断地优化迭代，该过程类似鸟群觅食路径的不断优化，最终寻找到一组最优解。该算法与传统遗传算法都为进化算法，但比遗传算法更加简单明了，算法中需要调整的参数个数更少，在控制参数调整、函数优化拟合等方面都有着极大的应用前景。

粒子群(PSO)算法中，将待优化的参数描述成粒子，多个粒子整合在一起形成了种群。每次迭代进程中都要对粒子中的待优化参数进行适应度计算，即得到参数对应的目标函数值，并对优化参数进行更新，得到子代群体。该算法就是通过对粒子的不断更新，寻觅到适应度最优的粒子，最终求得最优解。

PSO 算法的主要方程有两个，类比于鸟群觅食的自然规律，两个方程分别为位置和速度方程，方程结构形式简洁，相应的方程参数设置也简单。PSO 不需要目标函数的梯度信息，只需要通过适应度函数来评估可行域内的状态位置。可见，任何实值的优化问题都可采用 PSO 算法，该算法简单有效，具有较大的优化应用价值。

同遗传算法一样，PSO 算法首先要进行初始化种群，即赋初值于种群中的每个粒子，其公式为：

$$\vec{x}_i(k) = (r_{\max} - r_{\min})rand + r_{\min}, \ i = 1, \cdots, s \qquad (4-20)$$

式中，$r_{\max}$、$r_{\min}$ 为待优化参数的最大值和最小值；$rand$ 为（0，1）间的随机数；s 为种群的大小；$\vec{x}_i = (x_{i1}, x_{i2}, \cdots, x_{in})$，为第 i 个粒子在某时刻的位置；$\vec{v}_i = (v_{i1}v_{i2}\cdots v_{in})$，为粒子的移动速度；$\vec{p}_i = (p_{i1}p_{i2}\cdots p_{in})$，为单个粒子所经历的最优位置，在对每个粒子进行位置更新时，需将其当前对应的适应度值对比其历史最优位置，并进行位置更新。

对于求解最小化问题，粒子位置的更新方程如下：

$$\vec{p}_i(k+1) = \begin{cases} \vec{p}_i(k), \ f[\vec{x}_i(k+1)] \geqslant f[\vec{p}_i(k)] \\ \vec{x}_i(k+1), \ f[\vec{x}_i(k+1)] < f[\vec{p}_i(k)] \end{cases} \qquad (4-21)$$

式中，k 为迭代次数。

PSO 算法进程中还需进行全局对比，即比较当代每个粒子与当代全局最优位置的适应度值，全局最优粒子位置表示为 $p_g = (p_{g1}p_{g2}\cdots p_{gn})$，进行全局最优对比并位置更新的公式为：

$$p_g(k+1) = \min[\vec{p}_i(k+1) \mid f(p_i)], \ i = 1, 2, \cdots, s \qquad (4-22)$$

粒子通过自我对比与全局对比来更新下一代的速度与位置，根据上述描述，得到 PSO 更新迭代的方程为：

$$\begin{cases} v_{ij}(k+1) = v_{ij}(k) + c_1r_1[p_{ij}(k) - x_{ij}(k)] + c_2r_2[p_{gj}(k) - x_{ij}(k)] \\ x_{ij}(k+1) = x_{ij} + v_{ij}(k+1), \ j = 1, 2, \cdots, n \end{cases} \qquad (4-23)$$

假设待优化的参数个数为 n，则粒子维数为 n，可见式（4-23）中的下标"ij"代表第 i 个粒子的第 j 个优化参数，c_1 为粒子向自身最优位置移动的速度控制参数，c_2 为粒子向全局最优位置移动的速度控制参数。r_1、r_2 是取值在 0~1 的随机数。为了防止粒子超出求解范围，需限制粒子的位置和速度，即 $x_{ij} \in [-x_{\max},$

x_{max}]、$v_{ij} \in [-v_{min} , v_{min}]$。

在式（4 – 23）中，$v_{ij}(k)$ 表示粒子在当代的速度，$c_1r_1[p_{ij}(k) - x_{ij}(k)]$ 为当代位置与其历史最优位置做对比并更新当代位置，可称为粒子的"自我认知"部分，通过自我认知可以达到单个粒子最优，并保留优良粒子，但缺乏种群多样性。因此需要单个粒子与种群中的其他个体进行信息交互。$c_2r_2[p_{gj}(k) - x_{ij}(k)]$ 为当代粒子的位置与当代全局最优位置的粒子做对比，称之为"社会认知"部分，该部分实现了粒子与种群的信息交互，扩大了种群多样性，促进粒子向优秀个体靠近，加快了收敛。但在某些情况下，虽然有"社会认知"部分，仍然会陷入局部最优解。

Y. Shi 与 Eberhar 在 1998 年对粒子群速度更新算法做了改进，即在当代粒子速度前乘以惯性权重 w，提高了算法收敛的速度，式（4 – 23）中的速度方程变为：

$$v_{ij}(k+1) = w \cdot v_{ij}(k) + c_1r_1[p_{ij}(k) - x_{ij}(k)] + c_2r_2[p_{ij}(k) - x_{ij}(k)]$$

（4 – 24）

式（4 – 23）、式（4 – 24）中描述的为标准 PSO 算法，种群中的每个粒子会与全局最优位置的粒子进行信息交互，通常会将标准 PSO 称为全局最优 PSO，简称 Gbest PSO。

Gbest PSO 算法的收敛速度与精度基本取决于速度控制参数，即加速系数 c_1、c_2 与惯性系数 w。加速系数使粒子具有自我学习和向种群中优秀个体学习的能力，其中，加速系数 c_1 控制粒子向自身的历史最优位置移动的速度，加速度系数 c_2 控制粒子向全局最优粒子位置移动的速度。惯性系数 w 控制着当代粒子速度对下代粒子速度的影响程度，适当的取值能够保证算法具有良好的全局搜索能力和局部搜索能力。根据仿真实验，较小的惯性系数会提高 PSO 的局部搜索能力，而惯性系数较大能够增强算法的全局搜索能力，但当 $w \geq 1$ 时，随着迭代次数的增加，粒子的速度会出现发散行为。因此，选择合适的惯性系数与加速系数对于提高 Gbest PSO 算法的局部搜索能力与全局搜索能力有至关重要的作用。

惯性系数与加速系数的选取有多种方式，如设置惯性系数 w 的方法有自适应法、常数法与线性梯度法等。目前应用较广泛的为标准 Clerc 常数法，设置系数为 $w = 0.729$，$c_1 = c_2 = 1.49455$，该系数选择可以较好地平衡局部搜索能力与全局搜索能力间的程度。此外，粒子的速度范围也是 PSO 搜索能力的重要参数，通常取正负最大值，即为 $[-V_{max} , V_{max}]$，该参数限制粒子的速度在可行域内。速度范围取值太小会降低 PSO 全局搜索能力，因此通常将其与位置范围相关，若位置的取值范围为 $[-X_{max}, X_{max}]$，则设定 $V_{max} = \alpha \cdot X_{max}$，$0.1 \leqslant \alpha \leqslant 1.0$，或者简单地设置为 $V_{max} = X_{max}$。

Gbest PSO 算法能够促进粒子向最优位置移动，但若全局最优粒子的位置不能迅速更新，还未得到全局最优解，就停止迭代，陷入了局部最优解，即出现所谓的早熟现象。Eberhart 和 Kennedy 研发了 Lbest 模型，该模型能够防止 Gbest 模型过早地陷入局部最优解。Lbest 模型最大的改进是把整个种群分割成多个子群，每个子群都会有自己的局部最优位置，所以在对粒子位置进行更新时，会向多个局部最优位置运动，扩大了全局搜索能力，有效地杜绝了早熟现象。假设第 i 个子群处于长度为 l 的范围内，则更新方程如下：

$$N_i = \{p_{i-l}(k), p_{i-l+1}(k), \cdots, p_i(k), p_{i+1}(k), \cdots, p_{i+l}(k)\} \quad (4-25)$$

$$p_i(k+l) \in \{N_i \,|\, f[p_i(k+1)]\} = \min f(a), \quad \forall a \in N_i \quad (4-26)$$

$$v_{ij}(k+l) = w \cdot v_{ij}(k) + c_1 r_1 [p_{ij}(k) - x_{ij}(k)] + c_2 r_2 [p_{gj}(k) - x_{ij}(k)]$$

$$(4-27)$$

对比 Gbest PSO 算法，Lbest PSO 算法的计算更快，种群内的粒子间交互信息的范围更广泛。由式(4-25)~式(4-27)知，当 $l = s$ 时，Lbest PSO 与 Gbest PSO 的更新方程一致，因此 Lbest PSO 为 Gbest PSO 的特殊形式。

Lbest PSO 的信息交互方式为环形，即每个粒子只与相邻的两个粒子进行信息交互。当全局最优位置的粒子出现后，其值会沿着环形传递给别的粒子，以此保证种群探索的充分，并增强了全局最优值的搜索能力。

PSO 算法中的速度系数 c_1、c_2 与惯性系数 w 通常会设置为常值，但在优化进程中，在迭代的前、中、后期需要这 3 个参数取不同的值。在初期的寻优过程中，需惯性系数 w 较大，以便得到较强的全局搜索能力，同时为了粒子能够更多地提高自身寻优以防止早熟，需要提高"自我认知"的速度控制系数 c_1。当寻优进行到一定程度时，需要加快收敛速度，则适当地减小惯性系数 w 和加速系数 c_1，并增大"社会认知"的加速系数 c_2，以便在当前的收敛域内更好地进化。

PSO 算法会受到问题特点、操作策略、算法参数等因素的影响，其进程是非线性的。若加速系数与惯性系数选择不当，会过早地陷入局部最优解。因此，需要根据优化进程的不同阶段选取不同的加速系数和惯性系数，并且要求这 3 个控制参数也是非线性变化的，进而使收敛速度和计算精度能够得到有效提高。

2013 年，田东平将 sigmiod 函数用于惯性系数的调节，并进行了仿真实验，结果说明该算法不仅比传统的 PSO 算法拥有更优秀的全局搜索能力，且对于全局搜索与局部搜索间的矛盾具备更优的平衡能力。

sigmoid 函数通常用作神经元的节点函数，其形式为：$f(x) = 1/[1 + \exp(-x)]$。该函数为 S 形曲线，符合 PSO 算法在寻优各阶段对惯性系数取值的要求。当 $x \in (-9.903438, 9.903438)$ 时，sigmoid 函数值的取值范围无限接近于 $(0, 1)$。此外，根据研究结果，当惯性系数 w 在 $[0.4, 0.95]$ 范围内递减时，PSO 算法性能会得到较大的提升，而 sigmoid 函数在取值范围和递减特性上都符合要求。因此，sigmoid 函数可以作为基函数来调节惯性系数 w 的变化。

为了便于计算，取 $x \in (-10, 10)$，因此可以利用 $(20G/G_{\max} - 10)$ 来构造相应的 x，得到的惯性系数递减公式为：

$$w = \frac{w_{\max} - w_{\min}}{1 + e^{(20G/G_{\max} - 10)}} + w_{\min} \qquad (4-28)$$

式中，$w_{\max}$、$w_{\min}$ 分别为惯性系数的最大、最小值；G 为当代的迭代次数；$G_{\max}$ 为最大迭代次数。

由式（4 - 28）可见，当 $G_{\max}$ 足够大时，惯性系数能够在 $w_{\max}$ 与 $w_{\min}$ 间变化，取值为 $w_{\max} = 0.95$，$w_{\min} = 0.4$。

在标准的 PSO 中，c_1、c_2 为不变的常数，适当调节 c_1、c_2 参数的大小，有利于防止局部最优解，加快算法收敛。根据对 c_1、c_2 的取值需要，在算法迭代前期要求 c_1 较大而 c_2 较小，在后期需要 c_1 减小 c_2 增大。湖南大学熊智挺提出采用三次函数来调节速度系数的变化，其模型公式为：

$$\begin{cases} c_1 = (c_{1f} - c_{1s}) \times \left(\dfrac{G}{G_{\max}}\right)^3 + c_{1s} \\ c_2 = (c_{2f} - c_{2s}) \times \left(\dfrac{G}{G_{\max}}\right)^3 + c_{2s} \end{cases} \qquad (4-29)$$

式中，c_{1f}、c_{1s} 分别为 c_1 的最终值和初始值，分别取为 1.5、2.5；c_{2f}、c_{2s} 分别为 c_2 的最终值和初始值，分别取为 2.5 和 1.5。

综合上述两种调节参数的方法，自适应粒子群算法的流程如下：

（1）创建相同行数及列数的初始解矩阵和初始速度矩阵（当前迭代次数 < 最大迭代次数）；

（2）计算每个粒子对应的目标函数值，即适应度值；

（3）依据式（4-27）更新粒子的速度，其中速度系数 c_1、c_2 按照式（4-28）调节，权重系数依照式（4-29）调节；

（4）根据式（4-23）更新粒子的位置；

（5）对每个粒子，进行"自我认知"与"社会认知"操作，并更新粒子位置；

（6）计算每个粒子的适应度值，进行对比选出种群历史最优适应度值，并将该粒子标记为全局最优位置。

4.5.2　参数优化

根据上节的自适应 PSO 算法优化射流管液压放大器的参数，设置种群规模为100，最大迭代数为1000，目标函数如式（4-19）所示，得到射流管喷嘴在不同偏转角度时的优化结果如图4-16所示。

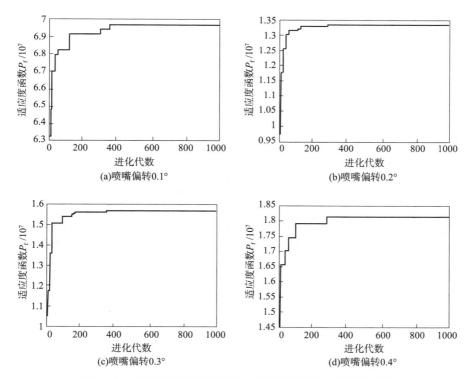

图4-16　基于自适应粒子群算法的射流液压放大器参数优化

如图4-16所示，图4-16（a）的最终优化结果为 $\theta_r = 39.9624°$，$l_j = 0.2921\text{mm}$，$R_r = 0.1745\text{mm}$。图4-16（b）的最终优化结果为 $\theta_r = 39.9624°$，$l_j =$

0.2934mm，$R_r = 0.1738\text{mm}$。图 $4-16$（c）的最终优化结果为 $\theta_r = 39.9624°$，$l_j = 0.2951\text{mm}$，$R_r = 0.1745\text{mm}$。图 $4-16$（d）的最终优化结果为 $\theta_r = 39.9624°$，$l_j = 0.2957\text{mm}$，$R_r = 0.1778\text{mm}$。

通过自适应粒子群的优化算法结果得到：在偏转角度较小时（$0.1° \sim 0.3°$），优化结果为两接收孔夹角趋向于最大值 $40°$，喷嘴与接收孔的距离趋向于最大值 0.3mm，接收孔半径趋向于最大值 0.18mm。

根据优化后的参数，更改射流液压放大器的结构，令两接收孔夹角为 $40°$，喷嘴与接收孔的距离趋向于为 0.4mm，接收孔半径趋向为 0.18mm，优化前后结构参数对比如表 $4-2$ 所示。利用 FLUENT 软件进行瞬态流场分析，得到优化前后阀芯位移与射流管偏转角度随时间变化曲线的对比如图 $4-17$ 所示。阀芯与射流管达到平衡位置的时间从 28ms 缩短到了 22ms，调节时间降低了 21.4%。

表 $4-2$　液压放大器参数优化前后对比

	原始参数	优化后参数
$\theta_r /(°)$	45	40
l_j /mm	0.2	0.3
R_r /mm	0.2	0.18

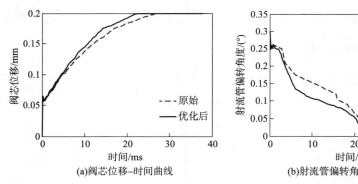
(a)阀芯位移-时间曲线

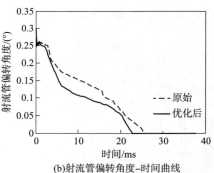
(b)射流管偏转角度-时间曲线

图 $4-17$　射流液压放大器优化前后的阶跃响应对比

第5章　带有矩形槽的滑阀数学模型及参数优化

  滑阀为射流管伺服阀的第二级液压放大器，其特性直接影响伺服阀的输出压力和流量。由于在加工过程中，不能保证阀芯和阀套完全同心，阀芯和阀套的间隙压力分布不均，形成侧压力，侧压力会使滑阀出现"液压卡紧"现象。为了减小侧压力，在阀芯台肩上开出矩形的卸荷槽，以改变间隙中的压力分布。在实际的卸荷槽设计中，多采用经验理论进行设计卸荷槽的参数，如卸荷槽的宽度、间距、个数及深度，目前还没有一种准确的数学模型能够用来分析卸荷槽的参数对间隙侧压力分布的影响。随着 CFD 的发展，流场内各个位置上的基本物理量的分布可以通过流场数值模拟的方法来得到，因此通过流场的数值模拟来辅助建模分析是阀芯卸荷槽的参数设计和分析的一种新途径。

  本章基于圆柱坐标系下的纳维－斯托克斯方程建立带有矩形卸荷槽的滑阀间隙无因次压力分布的数学模型，并通过流场数值模拟结果对实际滑阀矩形槽参数下的模型进行了修正。分析了矩形槽的宽度、间距、个数及深度对阀芯、阀套间的间隙无因次压力分布影响，并给出了矩形槽的最优参数。最后利用矩形槽的最优参数分析射流管伺服阀二级滑阀中阀芯台肩与阀套的侧压摩擦力，并通过实验测试间隙泄漏量验证了模型的准确性。

5.1　滑阀的模型结构

  滑阀由阀套和阀芯组成，图 5 – 1(a)为带有矩形槽的阀芯。实际的阀芯上有多个台肩，本章主要研究阀芯台肩和阀套间隙间的压力分布，因此将阀芯简化为一个台肩，简化后的计算模型如图 5 – 1(b)所示。

  图 5 – 1(b)中的 r_{sl} 为阀套的内径，r_{sp} 为阀芯的外径。取阀芯的中心为坐标原点，α 为阀芯和阀套的轴线夹角，l_1 为矩形槽和阀芯台肩边的距离，l_2 为矩形槽

的宽度，l_3 为矩形槽间的距离，h_z 为矩形槽的深度，阀芯的长度为 $2l$，若有 n 个矩形槽，则有：

$$2l_1 + nl_2 + (n-1)l_3 = 22 \qquad (5-1)$$

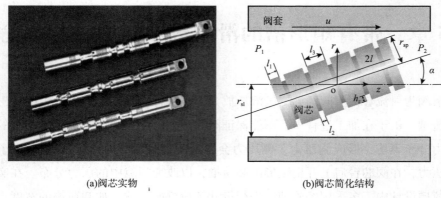

(a)阀芯实物　　　　　　　　　(b)阀芯简化结构

图 5-1　滑阀模型

5.2　滑阀的数学模型

阀套和阀芯都为圆柱体，故采用圆柱坐标系分析。假设流体不可压缩，则圆柱坐标系下的纳维-斯托克斯方程为：

$$\begin{cases} \rho\left(\dfrac{Dv_r}{Dt} - \dfrac{v_\theta^2}{r}\right) = \rho f_r - \dfrac{\partial p}{\partial r} + \mu\left(\nabla^2 v_r - \dfrac{v_r}{r^2} - \dfrac{2}{r^2}\dfrac{\partial v_\theta}{\partial \theta}\right) \\[2mm] \rho\left(\dfrac{Dv_\theta}{Dt} + \dfrac{v_r v_\theta}{r}\right) = \rho f_\theta - \dfrac{1}{r}\dfrac{\partial p}{\partial \theta} + \mu\left(\nabla^2 v_r - \dfrac{v_\theta}{r^2} + \dfrac{2}{r^2}\dfrac{\partial v_r}{\partial \theta}\right) \\[2mm] \rho\dfrac{Dv_z}{Dt} = \rho f_z - \dfrac{\partial p}{\partial z} + \mu\nabla^2 v_z \end{cases} \qquad (5-2)$$

式中：

$$\begin{cases} \dfrac{D}{Dt} = \dfrac{\partial}{\partial t} + v_r\dfrac{\partial}{\partial r} + \dfrac{v_\theta}{r}\dfrac{\partial}{\partial \theta} + v_z\dfrac{\partial}{\partial z} \\[2mm] \nabla^2 = \dfrac{\partial^2}{\partial r^2} + \dfrac{1}{r}\dfrac{\partial}{\partial r} + \dfrac{1}{r^2}\dfrac{\partial^2}{\partial \theta^2} + \dfrac{\partial^2}{\partial z^2} \end{cases}$$

实际滑阀中的阀芯是运动的，阀套是静止的，即阀芯、阀套间会有 z 轴上的相对运动。为了便于计算，这里假设阀芯静止，阀套以速度 u 沿 z 轴正向运动。

由于阀芯、阀套的轴线夹角 α 较小，间隙中的液体近似以平行 z 轴的速度运动，于是有：

$$\begin{cases} v_\theta = v_r \approx 0, \quad v_z = v_z(r, \theta) \\ \dfrac{\partial p}{\partial \theta} = 0, \quad \dfrac{\partial p}{\partial r} = 0, \quad \dfrac{\partial P}{\partial z} = \dfrac{\mathrm{d}p}{\mathrm{d}z} \end{cases} \quad (5-3)$$

约去对 θ 的二阶微分项，则式（5-2）变为：

$$\frac{\mathrm{d}^2 v_z}{\mathrm{d}r^2} + \frac{1}{r}\frac{\mathrm{d}v_z}{\mathrm{d}r} = \frac{1}{\mu}\frac{\mathrm{d}p}{\mathrm{d}z} \quad (5-4)$$

积分可得 v_z 的通解为：

$$v_z = \frac{r^2}{2}C_1 \ln r + C_2 + \frac{r^2 \ln r}{2\mu}\frac{\mathrm{d}p}{\mathrm{d}z} - \frac{r^2}{4\mu}\frac{\mathrm{d}p}{\mathrm{d}z}(2\ln r - 1) \quad (5-5)$$

式中，μ 为流体的动力黏度；r 为以 O 为圆心的半径；C_1、C_2 为常数。

边界条件一为：当 $r = r_{sl}$ 时，$v_z = u$。 $\qquad\qquad (5-6)$

边界条件二为：当 $r = r_z$ 时，$v_z = 0$。 $\qquad\qquad (5-7)$

边界条件二中的 r_z 为圆心 O 到阀芯边界的距离，其大小与圆心距 $\overline{OO_{sp}}$ 和角度 θ 有关，r_z 的求取需要借助滑阀的纵向剖面。取滑阀的一个纵向剖面，如图 5-2 所示，由于 α 较小，阀芯的剖面近似为圆形。阀芯剖面的圆心为 O_{sp}，半径为 $r'_{sp} = r_{sp}\cos\alpha$。设定某一旋

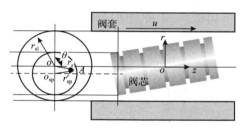

图 5-2 滑阀剖面图

转角度 θ，则在三角形 $OO_{sp}A$ 中，$r_z = OA$，$r'_{sp} = O_{sp}A$，根据三角形余弦定理和矩形槽的深度 h_z 可得到：

$$r_z = r'_{sp} - \overline{OO_{sp}}\cos\theta - h_z \quad (5-8)$$

为了便于计算，将 $\ln r$ 线性化为 $\ln r = \beta r$，并将式（5-6）、式（5-7）及式（5-8）代入式（5-5）中，可得到常数项为：

$$C_1 = \frac{u}{\beta(r_{sl} - r_z)} - \frac{1}{4\mu\beta}\frac{\mathrm{d}p}{\mathrm{d}z}(r_{sl} + r_z)$$

$$C_2 = \frac{ur_z}{r_{sl} - r_z} - \frac{1}{4\mu}\frac{\mathrm{d}p}{\mathrm{d}z}r_{sl}r_z$$

将 C_1、C_2 代入式(5-5)中，可得到 v_z 为：

$$v_z = \frac{u(r-r_z)}{r_{sl}-r_z} + \frac{1}{4\mu}\frac{\mathrm{d}p}{\mathrm{d}z}\left[r^2 - r(r+r_z) - r_{sl}r_z\right] \qquad (5-9)$$

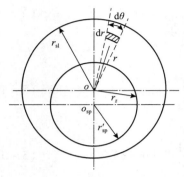

图 5-3 流量微元面积

由上式可知，v_z 中未含 β，则前述的线性化处理不会影响计算结果。

在滑阀剖面中，阀芯剖面和阀套内环剖面间的微小环形阴影部分的面积如图 5-3 所示，其面积大小为 $\mathrm{d}S = r\mathrm{d}\theta\mathrm{d}r$，则流过微小环形阴影截面的流量 Q 为：

$$\mathrm{d}Q = v_z\mathrm{d}S = v_z r\mathrm{d}\theta\mathrm{d}r \qquad (5-10)$$

阀芯、阀套的间隙范围为 $r_z \to r_{sl}$，$0 \to 2\pi$，对式(5-10)求双重积分为：

$$Q = \int_0^{2\pi}\int_{r_z}^{r_{sl}} v_z r\mathrm{d}r\mathrm{d}\theta \qquad (5-11)$$

由图 5-2 可知 $\overline{OO_{sp}} = |z|\tan\alpha$，则式(5-8)变为：

$$r_z = r'_{sp} - |z|\tan\alpha\cos\theta - h_z \qquad (5-12)$$

将式(5-9)、式(5-12)代入式(5-11)中，并求定积分得到：

$$Q = \frac{2\pi u}{3}\left[2r_{sl}^2 - r_{sl}(r'_{sp}-h_z) - (r'_{sp}-h_z)^2 + \frac{1}{2}z^2\tan^2\alpha\right] - \frac{\pi}{12\mu}\frac{\mathrm{d}p}{\mathrm{d}z}\Big[r_{sl}^4 -$$

$$2r_{sl}^3(r'_{sp}-h_z) - 2r_{sl}(r'_{sp}-h_z)^3 - (r'_{sp}-h_z)^4 - 3r_{sl}(r'_{sp}-h_z)z^2\tan^2\alpha$$

$$- 3(r'_{sp}-h_z)^2 z^2\tan^2\alpha - \frac{3}{8}z^4\tan^4\alpha\Big] \qquad (5-13)$$

由式(5-13)可得到压强沿 z 轴的变化率为：

$$\frac{\mathrm{d}P}{\mathrm{d}z} = -\frac{32\mu u}{3\tan^2}\frac{(z^2+\varphi)}{(z^4+\beta z^2-\gamma)} - \frac{32\mu Q}{\pi\tan^4\alpha}\frac{1}{(z^4+\beta z^2-\gamma)} \qquad (5-14)$$

式中：

$$\varphi = \frac{2\left[2r_{sl}^2 - r_{sl}(r'_{sp}-h_z) - (r'_{sp}-h_z)^2\right]}{\tan^2\alpha}$$

$$\beta = \frac{8\left[3r_{sl}(r'_{sp}-h_z) + 3(r'_{sp}-h_z)^2\right]}{3\tan^2\alpha}$$

$$\gamma = \frac{8\left[r_{sl}^4 - 2r_{sl}^3(r'_{sp}-h_z) - 2r_{sl}(r'_{sp}-h_z)^3 - (r'_{sp}-h_z)^4\right]}{3\tan^4\alpha}$$

对式(5-14)求积分为：

$$dP = \int\left[-\frac{32\mu u}{3\tan^2}\frac{(z^2+\varphi)}{(z^4+\beta z^2-\gamma)} - \frac{32\mu Q}{\pi\tan^4\alpha}\frac{1}{(z^4+\beta z^2-\gamma)}\right]dz \quad (5-15)$$

上式中两项积分项可分解因式为：

$$-\frac{32\mu u}{3\tan^2}\frac{(z^2+\varphi)}{(z^4+\beta z^2-\gamma)} = -\frac{32\mu u}{3\tan^2}\left[\left(\frac{1}{2}+\frac{\beta-2\varphi}{2\sqrt{\beta^2+4\gamma}}\right)\frac{1}{z^2+(\beta+\sqrt{\beta^2+4\gamma})/2}+\right.$$

$$\left.\left(\frac{1}{2}-\frac{\beta-2\varphi}{2\sqrt{\beta^2+4\gamma}}\right)\frac{1}{z^2+(\beta-\sqrt{\beta^2+4\gamma})/2}\right] \quad (5-16)$$

$$\frac{32\mu Q}{3\pi\tan^4\alpha}\frac{1}{(z^4+\beta z^2-\gamma)} = \frac{32\mu Q}{3\pi\tan^4\alpha}\left[\frac{1}{\sqrt{\beta^2+4\gamma}}\frac{1}{z^2+(\beta+\sqrt{\beta^2+4\gamma})/2}\right.$$

$$\left.-\frac{1}{\sqrt{\beta^2+4\gamma}}\frac{1}{z^2+(\beta-\sqrt{\beta^2+4\gamma})/2}\right] \quad (5-17)$$

将式(5-16)、式(5-17)代入式(5-15)中，积分得到：

$$P = -\frac{32\mu u}{3\tan^2\alpha}f_1(z) + \frac{32\mu Q}{3\pi\tan^4\alpha}f_2(z) + C_3 \quad (5-18)$$

式中：

$$f_1(z) = \left(\frac{1}{2}+\frac{\beta-2\varphi}{2\sqrt{\beta^2+4\gamma}}\right)\frac{1}{(\beta+\sqrt{\beta^2+4\gamma})/2}\arctan\left[\frac{z}{\sqrt{(\beta+\sqrt{\beta^2+4\gamma})/2}}\right]+$$

$$\left(\frac{1}{2}-\frac{\beta-2\varphi}{2\sqrt{\beta^2+4\gamma}}\right)\frac{1}{\sqrt{\sqrt{\beta^2+4\gamma}-\beta}}\ln\frac{z+\sqrt{\sqrt{\beta^2+4\gamma}-\beta}}{z-\sqrt{\sqrt{\beta^2+4\gamma}-\beta}} \quad (5-19)$$

$$f_2(z) = \frac{1}{\sqrt{\beta^2+4\gamma}}\left[\frac{1}{\beta+\sqrt{\beta^2+4\gamma}}\arctan\left(\frac{z}{\sqrt{\beta+\sqrt{\beta^2+4\gamma}}}\right)-\right.$$

$$\left.\frac{1}{\sqrt{\sqrt{\beta^2+4\gamma}-\beta}}\ln\frac{z+\sqrt{\sqrt{\beta^2+4\gamma}-\beta}}{\left|z-\sqrt{\sqrt{\beta^2+4\gamma}-\beta}\right|}\right] \quad (5-20)$$

根据边界条件 $\begin{cases} z=l, & p=p_2 \\ z=-l, & p=p_1 \end{cases}$，令 $\Delta p = p_1 - p_2$，由流体连续性可知 Q 与 C_3 为：

$$\begin{cases} Q = 2u\pi\dfrac{f_1(-l)-f_1(l)}{f_2(-l)-f_2(l)} + \dfrac{3\Delta P\tan^4\alpha\pi}{32\mu}\dfrac{1}{f_2(-l)-f_2(l)} \\[3mm] C_3 = p_2 + \dfrac{32\mu u}{3\tan^2\alpha}f_1(l) - \dfrac{32\mu Q}{3\pi\tan^4\alpha}f_2(l) \end{cases} \quad (5-21)$$

将式(5-21)代入到式(5-18)中，得到阀芯、阀套间隙纵截面各点处的压强 p，其随 z 轴的分布为：

$$p = p_2 - \frac{32\mu u}{3\tan^2\alpha}f_1(z) + \frac{32\mu Q}{3\pi\tan^4\alpha}f_2(z) + \frac{32\mu u}{3\tan^2\alpha}f_1(l) - \frac{32\mu Q}{3\pi\tan^4\alpha}f_2(l) \quad (5-22)$$

上式 $f_1(z)$、$f_2(z)$ 中 h_z 的取值与 z 轴坐标、矩形槽的参数有关当矩形槽的槽数为偶数时，即 $n = 2$，4，6，8，10，…，令 $m = 1$，2，3，…，$n/2$，h_z 的取值为：

$$h_z = \{h_z \mid z \in \pm\cos\alpha[\,l_3/2 + (m-1)l_3 + (m-1)l_2,\ l_3/2 + (m-1)l_3 + ml_2\,]\}$$

$$(5-23)$$

当矩形槽的槽数为奇数时，即 $n = 1$，3，5，7，9，…，令 $m = 1$，2，3，…，$(n+1)/2$，h_z 的取值为：

$$h_z = \{h_z \mid z \in \pm\cos\alpha[\,g(m)l_2/2 + (m-1)l_3 + (m-2)l_2,$$
$$l_2/2 + (m-1)l_3 + (m-1)l_2\,]\} \quad (5-24)$$

式中，$g(m) = \begin{cases} 1, & m > 1 \\ 0, & m \leqslant 1 \end{cases}$。

本章以 $n = 6$ 举例验证滑阀间隙中压力分布的数学模型，模型参数如表 5-1 所示。对压力及 z 轴都做无因次处理，即：

$$p' = \frac{p}{p_2} \quad (5-25)$$

$$Z' = \frac{Z}{l} \quad (5-26)$$

表 5-1　滑阀矩形槽数学模型参数

l/mm	l_1/mm	l_2/mm	l_3/mm	h_z/mm	r_{sl}/mm	r_{sp}/mm	α/mm	p_1/MPa	p_2/MPa	μ/(Pa·s)	u/(m/s)
7.98	1.197	0.399	2.0	0.25	6	5.992	0.0399	0	7	0.0241	3.15

在 Matlab 中对压力分布的数学模型进行编程仿真，得到间隙的无因次压力随 z 轴分布的曲线如图 5-4 所示。

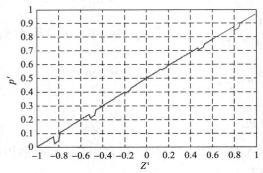

图 5-4　滑阀间隙无因次压力分布

5.3　滑阀间隙压力分布数值模拟

5.3.1　数值模拟的数学方程

压力分布的数值模拟是对流体动力学控制方程进行离散化，进而求得流场内各离散点压力特性的数值解。数值模拟中用到的流体动力学控制方程为连续性方程、动量方程。

上一节所述的压力分布数学模型中假设流体为不可压缩、有黏性、无重力，在数值模拟中也做相同的假设，则连续性方程、动量方程为：

$$\frac{1}{r}\frac{\partial(rv_r)}{\partial r}+\frac{1}{r}\frac{\partial(rv_\theta)}{\partial \theta}+\frac{\partial(rv_z)}{\partial z}=0 \tag{5-27}$$

$$\rho\left(v_r\frac{\partial v_r}{\partial r}+\frac{1}{r}v_\theta\frac{\partial v_r}{\partial \theta}+v_z\frac{\partial v_r}{\partial z}-\frac{v_\theta^2}{r}\right)=-\frac{\partial p}{\partial r}+\mu\left[\frac{1}{r}\frac{\partial}{\partial r}\left(r\frac{\partial v_r}{\partial r}\right)+\frac{1}{r^2}\frac{\partial^2 v_r}{\partial \theta^2}+\frac{\partial^2 v_r}{\partial z^2}-\frac{v_r}{r^2}-\frac{2}{r^2}\frac{\partial v_\theta}{\partial \theta}\right]$$
$$\tag{5-28}$$

$$\rho\left(v_r\frac{\partial v_\theta}{\partial r}+\frac{1}{r}v_\theta\frac{\partial v_\theta}{\partial \theta}+v_z\frac{\partial v_\theta}{\partial z}+\frac{v_r v_\theta}{r}\right)=-\frac{1}{r}\frac{\partial p}{\partial \theta}+\mu\left[\frac{1}{r}\frac{\partial}{\partial r}\left(r\frac{\partial v_\theta}{\partial r}\right)+\frac{1}{r^2}\frac{\partial^2 v_\theta}{\partial \theta^2}+\frac{\partial^2 v_\theta}{\partial z^2}-\frac{v_\theta}{r^2}+\frac{2}{r^2}\frac{\partial v_r}{\partial \theta}\right]$$
$$\tag{5-29}$$

$$\rho\left(v_r\frac{\partial v_z}{\partial r}+\frac{1}{r}v_\theta\frac{\partial v_z}{\partial \theta}+v_z\frac{\partial v_z}{\partial z}\right)=-\frac{\partial p}{\partial z}+\mu\left[\frac{1}{r}\frac{\partial}{\partial r}\left(r\frac{\partial v_z}{\partial r}\right)+\frac{1}{r^2}\frac{\partial^2 v_z}{\partial \theta^2}+\frac{\partial^2 v_z}{\partial z^2}\right] \tag{5-30}$$

上述的偏微分方程，通过离散化方法进行求解。对于流体流动问题，有限体积法是最有效的离散化求解方法。

5.3.2　有限体积法

有限体积法，又称为控制体积法，从算法原理上与有限差分法和有限元法都有相似之处。与有限差分法的共同点是，在进行离散变换时，只求解网格间的节点值，而忽略节点间的场量值。而与有限元法的共同点是，在求解方程的积分时，需要利用节点上的场量值来描述节点间的场量分布情况，以达到近似解展开成待定系数与基函数乘积形式的目的。有限体积法中将偏微分方程离散化的方法简单易操作，只需要将方程中的各项在控制体积内积分，保证了在任意粗糙网格情况下都能积分守恒，这是有限体积法优于其他数值计算方法的特点。所以，有限体积法可以保证控制容积的通量平衡，具有很强的物理意义。

有限体积法的网格划分方法类似于有限元法，都需要将求解域划分成一个个单元进行计算，但不同于有限元法的是网格的划分形式，有限体积法需要将划分区域包裹在节点四周，称为控制体积。在对每个控制体积求积分时，都能够得到一个代数方程，代数方程中的未知数为网格节点上的场量值。代数方程与网格节点的数量是一一对应的，每个节点上的场量值就可以通过求解代数方程组得到。

有限体积法在进行求解流场中的物理量时，需要用到控制体积，如式（5 - 31）所示，V 为剖分的某一个控制体积：

$$\int_V \frac{\partial(\rho\varphi)}{\partial t}\mathrm{d}V + \int_V \mathrm{div}(\rho\varphi\vec{u})\mathrm{d}V = \int_V \mathrm{div}(\varGamma \cdot \mathrm{grad}\varphi)\mathrm{d}V + \int_V S_\varphi \mathrm{d}V \quad (5-31)$$

式中，φ 为通用变量；$\varGamma$ 为扩散系数；S_φ 为源项。

利用高斯散度定理将其改写为：

$$\frac{\partial}{\partial t}\left(\int_V \rho\varphi\mathrm{d}V\right) + \int_A \vec{n} \cdot (\rho\varphi\vec{u})\mathrm{d}A = \int_A \vec{n} \cdot (\varGamma \cdot \mathrm{grad}\varphi)\mathrm{d}A + \int_V S_\varphi \mathrm{d}V \quad (5-32)$$

式（5 - 32）中等号左边第一项表示场量随时间的变化，第二项表示相邻控制体积间由于对流而减少的场量值；等号右边第一项表示控制体间因扩散运动而增加的场量值，第二项表示由内源增加的场量值。

当式（5 - 32）中等号左边第一项为 0 时，流体状态为稳态流动，则公式变为

$$\int_A \vec{n} \cdot (\rho\varphi u)\mathrm{d}A = \int_A \vec{n} \cdot (\varGamma \cdot \mathrm{grad}\varphi)\mathrm{d}A + \int_V S_\varphi \mathrm{d}V \quad (5-33)$$

在求解瞬态流动的流体时，在时间 Δt 内对式（5 - 32）中的每项进行积分，可以确保在时间段 Δt 内仍满足积分守恒，需要对式（5 - 32）内每一项在时间 Δt 内进行积分，公式变为：

$$\int_{\Delta t} \frac{\partial}{\partial t}\left(\int_V \rho\varphi\mathrm{d}V\right)\mathrm{d}t + \int_{\Delta t}\int_A \vec{n} \cdot (\rho\varphi u)\mathrm{d}A\mathrm{d}t = \int_{\Delta t}\int_A \vec{n} \cdot (\varGamma \cdot \mathrm{grad}\varphi)\mathrm{d}A\mathrm{d}t + \int_{\Delta t}\int_V S_\varphi \mathrm{d}V\mathrm{d}t$$

$$(5-34)$$

一维稳态扩散的有限体积求解方法较简单，通过该问题的求解描述有限体积法的具体过程，该问题的控制微分方程为：

$$\frac{\mathrm{d}}{\mathrm{d}x}\left(\varGamma \cdot \frac{\mathrm{d}\varphi}{\mathrm{d}x}\right) + S = 0 \quad (5-35)$$

（1）网格的划分。将待求解的流场域划分为 5 个网格，即 5 个控制体积，利

用中心法布置节点，控制体积的划分如图 5-5（a）所示，网格尺寸的定义如图 5-5（b）所示。

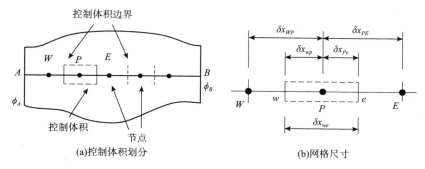

图 5-5　离散网格

（2）偏微分方程离散化。对偏微分方程，并根据散度定理得到：

$$\int_{\Delta V} \frac{d}{dx}\left(\Gamma \cdot \frac{d\varphi}{dx}\right)dV + \int_{\Delta V} SdV = \int_A \vec{n}\left(\Gamma \cdot \frac{d\varphi}{dx}\right)dA + \int_{\Delta V} SdV = $$

$$\left(\Gamma A \frac{d\varphi}{dx}\right)_e - \left(\Gamma A \frac{d\varphi}{dx}\right)_w + \bar{S}\Delta V = 0 \qquad (5-36)$$

通过控制体积边界上的扩散系数和场变量梯度，可获得具体代数方程，若设网格是均匀分布的，根据线性插值函数可得到：

$$\begin{cases} \Gamma_{\mathrm{w}} = \dfrac{\Gamma_{\mathrm{W}} + \Gamma_{\mathrm{P}}}{2}, \quad \Gamma_{\mathrm{e}} = \dfrac{\Gamma_{\mathrm{E}} + \Gamma_{\mathrm{P}}}{2} \\ \dfrac{d\varphi}{dx}\Big|_{\mathrm{e}} = \dfrac{\Delta\varphi}{\Delta x}\Big|_{\mathrm{e}} = \dfrac{\varphi_{\mathrm{E}} - \varphi_{\mathrm{P}}}{\delta x_{\mathrm{PE}}}, \quad \dfrac{d\varphi}{dx}\Big|_{\mathrm{w}} = \dfrac{\Delta\varphi}{\Delta x}\Big|_{\mathrm{w}} = \dfrac{\varphi_{\mathrm{P}} - \varphi_{\mathrm{W}}}{\delta x_{\mathrm{WP}}} \end{cases} \qquad (5-37)$$

将源项进行线性化处理为场变量的线性函数：

$$\bar{S}\Delta V = S_{\mathrm{u}} + S_{\mathrm{P}}\varphi_{\mathrm{P}} \qquad (5-38)$$

则原方程可化简为：

$$\Gamma_e A_e \frac{\varphi_{\mathrm{E}} - \varphi_{\mathrm{P}}}{\delta x_{\mathrm{PE}}} - \Gamma_{\mathrm{W}} A_{\mathrm{w}} \frac{\varphi_{\mathrm{P}} - \varphi_{\mathrm{W}}}{\delta x_{\mathrm{WP}}} + S_{\mathrm{u}} + S_{\mathrm{P}}\varphi_{\mathrm{P}} = 0 \qquad (5-39)$$

整理得到：

$$\varphi_{\mathrm{P}}\left(\frac{\Gamma_e A_e}{\delta x_{\mathrm{PE}}} + \frac{\Gamma_{\mathrm{W}} A_{\mathrm{w}}}{\delta x_{\mathrm{WP}}} - S_{\mathrm{P}}\right) = \varphi_{\mathrm{E}} \frac{\Gamma_e A_e}{\delta x_{\mathrm{PE}}} + \varphi_{\mathrm{W}} \frac{\Gamma_{\mathrm{W}} A_{\mathrm{w}}}{\delta x_{\mathrm{WP}}} + S_{\mathrm{u}} \qquad (5-40)$$

式（5-40）为一维稳态扩散偏微分方程的离散化代数方程，网格上的每个节点都可列出与之对应的代数方程，进而得到与节点数相同的代数方程组。

（3）求解代数方程组。步骤（2）得到的代数方程组的系数矩阵为对角矩阵，求解对角矩阵即可解得各个节点处的场变量值 φ_i。

5.3.3　滑阀间隙压力分布的数值模拟

在 CATIA 中建立阀芯的三维数值模型如图 5 - 6 所示，阀芯上的矩形槽参数与前述的数学模型一致，既有相同的槽数 n、槽距 l_3 和槽宽 l_2，距离阀芯边界距离 l_1 相同。在 Gambit 中对阀芯三维模型进行网格划分，采用四边形网格，可以得到较好的网格质量，并且可以节省计算资源，其局部网格划分如图 5 - 7 所示。

图 5 - 6　阀芯三维数值模型　　　　图 5 - 7　阀芯的网格划分

阀套壁面设置为速度为 u 的移动壁面，阀芯壁面设置为静态无滑移，两端压力大小与表 5 - 1 中一致，设定收敛精度为 10^{-6} 可满足计算精度。由于要和数学模型做对比，在数值解中也进行相同的无因次处理，仿真结果如图 5 - 8 所示。

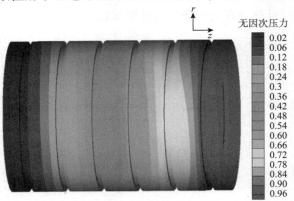

图 5 - 8　间隙压力分布的数值模拟

5.3.4 滑阀间隙侧压力分布的数学模型修正

由基于圆柱坐标系下 N – S 方程所得到的阀芯、阀套的间隙无因次侧压力分布的解析解和 CFD 得到的数值解对比曲线如图 5 – 9 所示，尽管解析解模型较接近于数值解模型，但仍存在一定的差异，采用线性拟合方式进行解析解模型修正，修正后的模型为：

$$p'_{\text{mod}} = 1.05 p' + 0.01 \tag{5-41}$$

线性拟合后的修正模型与数值模拟的对比如图 5 – 10 所示，结果显示，修正后的解析解模型能够较好地模拟阀芯与阀套间隙的无因次侧压力分布。

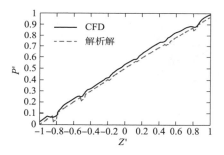 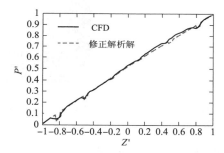

图5 – 9　解析解与数值解侧压力分布对比　图5 – 10　修正解析解与数值解的侧压力分布对比

5.4　滑阀矩形槽的参数优化

为了研究滑阀矩形槽参数对间隙中的侧压力 F_{la} 的影响，先要求出侧压力，可将间隙压力积分，并做无因次处理为：

$$F_{\text{la}} = \frac{\int_{-l}^{l} p'_{\text{mod}} r_{\text{sp}} \mathrm{d}z}{2 r_{\text{sp}} l} \tag{5-42}$$

如图 5 – 1(b)所示，阀芯矩形槽的参数主要有矩形槽和阀芯台肩边的距离 l_1、矩形槽的宽度 l_2、矩形槽间的距离 l_3、矩形槽的深度 h_z。

5.4.1　矩形槽布局

首先要确认矩形槽的最优布局，即矩形槽间的距离 l_3，取 5 个不同的 l_3 值，矩形槽的其他参数一致，得到不同的侧压力值，如表5-2所示。由表5-2可知，当 $l_3 = 2mm$ 时，矩形槽均匀分布在阀芯上，无因次侧压力是最小的，为0.15。而当 l_3 取到最小值，即 $l_3 = 0.04mm$，矩形槽分布在阀芯两侧，分布图如图5-11所示，此时的无因次侧压力最大，为均匀分布时无因次侧压力的4.3倍。由此可知，当矩形槽均匀分布在阀芯上时，无因次侧压力最小。

表 5 - 2　不同 l_3 对应的无因次侧压力

l_3/mm	0.04	0.08	0.16	0.18	2
F_{la}	0.65	0.43	0.27	0.18	0.15

图 5 - 11　$l_3 = 0.04mm$ 的矩形槽分布图

5.4.2　矩形槽宽度

由式(5-42)可知，矩形槽的宽度 l_2 越大，阀芯与阀套间隙的无因次侧压力越小，但会增大矩形槽处的流量，间接增大泄漏量。因此要选取合适的矩形槽宽度，同时保证较小的无因次侧压力和泄漏量。

为了研究矩形槽宽度变化对无因次侧压力及泄漏量的影响，选取5组不同的 l_2 值。根据式(5-1)，设定 l_1 值不变，当矩形槽宽度 l_2 变化时，矩形槽间距 l_3 也会随之变化，则5组 l_2 值及其对应的 l_3 值如表5-3所示。

表 5 - 3　不同 l_2 值下的泄漏量及无因次侧压力

l_2/mm	l_3/mm	$Q/(mL/min)$	F_{la}
0.399	2.2	50	0.15
0.6	1.9	52	0.13
0.8	1.27	60	0.12
1.0	0.79	66	0.11
1.2	0.31	69	0.1

由表 5 - 3 可知，当矩形槽宽度 l_2 增大，无因次侧压力会随之减少，但泄漏量会增大，尤其当矩形槽宽度大于 0.6mm 后，泄漏量增速加快。因此选取 l_2 = 0.6mm，可同时保证较小的无因次侧压力与泄漏量。

5.4.3 矩形槽深度

矩形槽深度 h_z 值越大，无因次侧压力越小，但矩形槽处的阀芯半径会减小，则会降低阀芯强度，阀芯强度过低，会影响其工作稳定性。选取合适的矩形槽深度，要兼顾无因次侧压力与阀芯强度。矩形槽的其他参数保持不变，即 l_1 = 1.197mm、l_2 = 0.6mm、l_3 = 1.9mm，分别取 h_z = 0.25mm、0.5mm、0.75mm、1.0mm、1.25mm，得到对应的无因次侧压力如表 5 - 4 所示。间隙侧压力随着矩形槽深度 h_z 增大而减小，但当 h_z > 0.75mm 后，阀芯强度不够，因此选取 h_z = 0.75mm。

表 5 - 4　不同矩形槽深度下的无因次侧压力

h_z/mm	F_{la}/N
0.25	0.13
0.5	0.1253
0.75	0.1197
1.0	0.1126
1.25	0.11

综上所述，选取矩形槽的参数为 l_1 = 1.197mm、l_2 = 0.6mm、l_3 = 1.9mm、h_z = 0.75mm，可以满足较小的间隙侧压力、较小的泄漏量及合适的阀芯强度。

5.5　整阀芯的侧压摩擦力

射流管伺服阀二级滑阀的阀芯上有 4 个台肩，如图 5 - 12(a)所示，每个台肩上的矩形槽为 3 个，矩形槽均匀布置，即矩形槽间距为 l_3 = 1mm，矩形槽的宽度为 l_2 = 0.6mm，矩形槽深度为 h_z = 0.75mm，则每个台肩的宽度为 4.8mm。

阀芯嵌套在阀套内，结构如图 5 - 12(b)所示，阀芯左、右两端分别与接收器的左、右孔相连，其压力分别为 P_1、P_2、P_A、P_B 为射流管伺服阀的负载口，与作动器两腔相连。当阀芯处于中位时，仅阀芯台肩 s_1、s_4 存在侧压摩擦力。当阀芯发生位移后，阀芯台肩 s_2、s_3 也随之移动，这两个台肩与阀套存在间隙，也会产生侧压摩擦力。由此可知，阀芯台肩 s_1、s_4 与阀套的间隙侧压摩擦力始终存在并保持不变，其只与压差、摩擦系数有关，而阀芯台肩 s_2、s_3 与阀套间的间隙侧压摩擦力还与阀芯位移 x_v 有关。

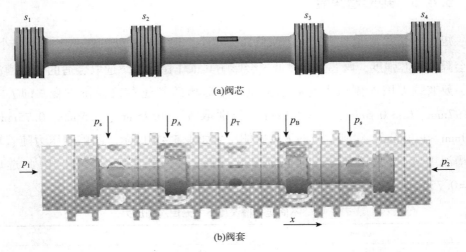

(a)阀芯

(b)阀套

图 5 – 12　滑阀三维模型

5.5.1　台肩 s_1、s_4 处的间隙侧压摩擦力

台肩 s_1 的两端压差始终为 $\Delta p_{s1} = p_1 - p_s$，其中 p_1 会随着射流管的偏转而变化，根据式（5 – 22），以台肩中心为原点，可知其与阀套间隙的侧压力分布为：

$$
\begin{cases}
p_{s1} = p_s - \dfrac{32\mu u}{3\tan^2\alpha}f_1(z) + \dfrac{32\mu Q_{s1}}{3\pi\tan^4\alpha}f_2(z) + \dfrac{32\mu u}{3\tan^2\alpha}f_1(l) - \dfrac{32\mu Q_{s1}}{3\pi\tan^4\alpha}f_2(l) \\[3mm]
Q_{s1} = 2u\pi\dfrac{f_1(-l)-f_1(l)}{f_2(-l)-f_2(l)} + \dfrac{3\Delta p_{s1}\tan^4\alpha\pi}{32\mu}\dfrac{1}{f_2(-l)-f_2(l)}
\end{cases}
$$

$$(5-43)$$

修正后的模型为：

$$p'_{s1} = 1.05p_{s1} + 0.01p_s \tag{5-44}$$

设定摩擦系数为 υ，则台肩 s_1 上的侧压摩擦力为：

$$f_{s1} = \upsilon \int_{-l}^{l} p'_{s1} r_{sp}\,\mathrm{d}z \tag{5-45}$$

该台肩上有 3 个矩形槽，$m = 1$、2、3、4，则 h_z 取值范围满足式（5 – 24）。

台肩 s_4 的两端压差始终为 $\Delta p_{s1} = p_s - p_2$，以台肩中心为原点，其与阀套间隙的侧压力分布为：

$$
\begin{cases}
p_{s4} = p_2 - \dfrac{32\mu u}{3\tan^2\alpha}f_1(z) + \dfrac{32\mu Q_{s4}}{3\pi\tan^4\alpha}f_2(z) + \dfrac{32\mu u}{3\tan^2\alpha}f_1(l) - \dfrac{32\mu Q_{s4}}{3\pi\tan^4\alpha}f_2(l) \\
Q_{s4} = 2u\pi\dfrac{f_1(-l)-f_1(l)}{f_2(-l)-f_2(l)} + \dfrac{3\Delta P_{s4}\tan^4\alpha\pi}{32\mu}\dfrac{1}{f_2(-l)-f_2(l)}
\end{cases}
$$

$$(5-46)$$

修正后的模型为：

$$p'_{s4} = 1.05p_{s4} + 0.01p_2 \tag{5-47}$$

则台肩 s_4 上的侧压摩擦力为：

$$f_{s4} = \upsilon\int_{-l}^{l} p'_{s4}r_{sp}\mathrm{d}z \tag{5-48}$$

则 h_z 取值范围同样满足式（5-24）。

5.5.2　台肩 s_2、s_3 处的间隙侧压摩擦力

（1）台肩 s_2、s_3 处间隙的两端压差与阀芯位移 x_v 方向有关，当阀芯沿着 x 轴正向移动时，由图 5-12（b）可知，台肩 s_2 处间隙的两端压差为 $\Delta p_{s2} = p_T - p_A$，台肩 s_2 处间隙的两端压差为 $\Delta p_{s3} = p_B - p_s$。若预开口为零，则两个台肩处间隙的长度均为 x_v，即台肩和阀套的重叠量，以重叠量中心为原点，台肩 s_2 处间隙的侧压力分布为：

$$
\begin{cases}
p_{s2} = p_T - \dfrac{32\mu u}{3\tan^2\alpha}f_1(z) + \dfrac{32\mu Q_{s2}}{3\pi\tan^4\alpha}f_2(z) + \dfrac{32\mu u}{3\tan^2\alpha}f_1(l_s) - \dfrac{32\mu Q_{s2}}{3\pi\tan^4\alpha}f_2(l_s) \\
Q_{s2} = 2u\pi\dfrac{f_1(-l_s)-f_1(l_s)}{f_2(-l_s)-f_2(l_s)} + \dfrac{3\Delta p_{s2}\tan^4\alpha\pi}{32\mu}\dfrac{1}{f_2(-l_s)-f_2(l_s)}
\end{cases}
$$

$$(5-49)$$

其中，$l_s = |x_v|/2$。

修正后的模型为：

$$p'_{s2} = 1.05p_{s2} + 0.01p_s \tag{5-50}$$

则台肩 s_2 上的侧压摩擦力为：

$$f_{s2} = \upsilon\int_{-l}^{l} p'_{s2}r_{sp}\mathrm{d}z \tag{5-51}$$

同理，台肩 s_3 处间隙的侧压力分布为：

$$\begin{cases} p_{s3} = p_s - \dfrac{32\mu u}{3\tan^2\alpha}f_1(z) + \dfrac{32\mu Q_{s3}}{3\pi\tan^4\alpha}f_2(z) + \dfrac{32\mu u}{3\tan^2\alpha}f_1(l_s) - \dfrac{32\mu Q_{s3}}{3\pi\tan^4\alpha}f_2(l_s) \\[3mm] Q_{s3} = 2u\pi\dfrac{f_1(-l_s)-f_1(l_s)}{f_2(-l_s)-f_2(l_s)} + \dfrac{3\Delta p_{s3}\tan^4\alpha\pi}{32\mu}\dfrac{1}{f_2(-l_s)-f_2(l_s)} \end{cases}$$

$$(5-52)$$

修正后的模型为：

$$p'_{s3} = 1.05p_{s3} + 0.01p_s \qquad (5-53)$$

则台肩 s_3 上的侧压摩擦力为：

$$f_{s3} = v\int_{-l}^{l} p'_{s3}r_{sp}\mathrm{d}z \qquad (5-54)$$

矩形槽的深度 h_z 取值范围与阀芯位移 x_v 大小有关，根据阀芯结构参数，当 $x_v \leqslant 1\mathrm{mm}$ 时，台肩 s_2、s_3 与阀套的重叠量中无矩形槽，即 $h_z = 0$。当 $1 \leqslant x_v \leqslant 2.6$（mm）时，台肩 s_2、s_3 与阀套的重叠量中有一个矩形槽，即 $n = 1$，$m = 1$、2，h_z 取值满足式（5 - 24）。射流管伺服阀二级滑阀实际工作中，阀芯最大行程为 2mm，因此只需计算 $0 \leqslant x_v \leqslant 2$（mm）时 h_z 的取值范围。

（2）当阀芯沿着 x 轴负向移动时，即 $x_v < 0$，由图 5 - 12（b）可知，台肩 s_2 处间隙的两端压差为 $\Delta p_{s2} = p_A - p_s$，台肩 s_2 处间隙的两端压差为 $\Delta p_{s3} = p_T - p_B$。台肩 s_2、s_3 处间隙的侧压力分布类似阀芯正向移动时的侧压力分布，只是改变了式（5 - 50）、式（5 - 53）中的 Δp_{s2} 与 Δp_{s3}，h_z 的取值范围也类同阀芯正向移动时。

5.5.3 阀芯台肩间隙侧压摩擦力的仿真计算

当阀芯受两端压力 p_1、p_2 作用而运动时，台肩 s_2、s_3 处间隙侧压摩擦力由于其与阀套的重叠量变化而变化，而台肩 s_1、s_4 处间隙侧压摩擦力只与间隙两端压差有关。根据式（5 - 44）~式（5 - 52），设摩擦系数 $v = 0.01$，可求得 4 个台肩处的间隙侧压摩擦力。当阀芯正向运动时，压力选取如表 5 - 5 所示，侧压摩擦力都取绝对值，其与阀芯位移 x_v 关系如图 5 - 13 ~ 图 5 - 16 所示。

图 5 - 13 ~ 图 5 - 16 中的各图图（a）为没有矩形槽时的侧压摩擦力，图（b）为有矩形槽时侧压摩擦力，由每组图（a）（b）对比可知，侧压摩擦力减小了 8% ~ 13%。

在图 5 - 13 中，s_2 处压差为 4MPa，边界压力为 $p_A = 4\mathrm{MPa}$、$p_s = 7\mathrm{MPa}$，s_3 处

压差为 5MPa，边界压力为 $p_B = 2$ MPa、$p_s = 7$ MPa，s_2 处的间隙侧压摩擦力明显小于 s_3 处侧压摩擦力。对比图 5-13 与图 5-14，台肩 s_2、s_3 处的间隙压差变化和边界压力变化会对侧压摩擦力产生影响。台肩 s_2 处间隙压差减小，但边界压力 p_A 增大，会使得该处的侧压摩擦力增大；台肩 s_3 处间隙压差增大，边界压力 p_B 减小，该处的侧压摩擦力反而减小。由此可知，台肩间隙处的侧压摩擦力会同时受间隙压差和边界条件影响。

表 5-5 阀芯正向运动时的压力取值

	p_s/MPa	p_T/MPa	p_A/MPa	p_B/MPa	p_1/MPa	p_2/MPa
状态 1	7	0	4	2	5	3
状态 2	7	0	5	1	5	3
状态 3	7	0	4	2	4	2
状态 4	7	0	5	1	4	2

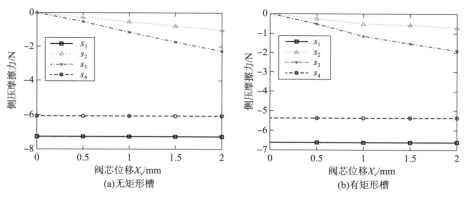

图 5-13 状态 1 下的侧压摩擦力

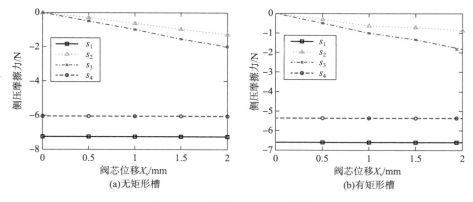

图 5-14 状态 2 下的侧压摩擦力

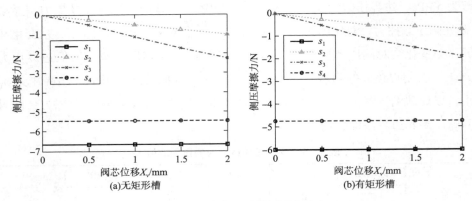

图 5 – 15   状态 3 下的侧压摩擦力

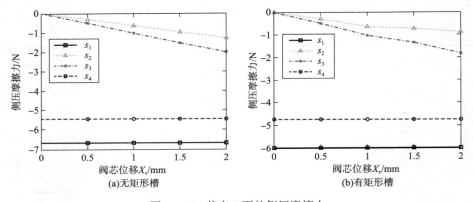

图 5 – 16   状态 4 下的侧压摩擦力

5.6   实验验证

5.6.1   实验硬件设备

为了验证阀芯与阀套间隙的无因次压力分布模型,搭建了测试平台,间隙压力分布难以测试,可通过测量间隙流量来验证模型。测试平台的原理方框图如图 5 – 17 所示。

如图 5 – 17 所示,滑阀泄漏量测试平台主要包括实验操作台、控制接口系统、液压油源系统、温控系统及计算机控制系统。实验操作台上实现泄漏量的测试操作,台上安装着滑阀的驱动系统、指示灯及操作按钮等,其中的滑阀驱动系统包括滑阀与驱动，并用夹具固定滑阀，可保证运行时的稳定，驱动采用高精度步进电机实现微小进给；油源系统为泄漏量测试提高所需压力；为了防止油温过高，采用温控系统保持测试过程中的油温恒定；计算机控制系统包括电气部分与软件部分，电气部分完成信号的采集、控制信号的输出，软件部分实现控制、数据处理与显示。

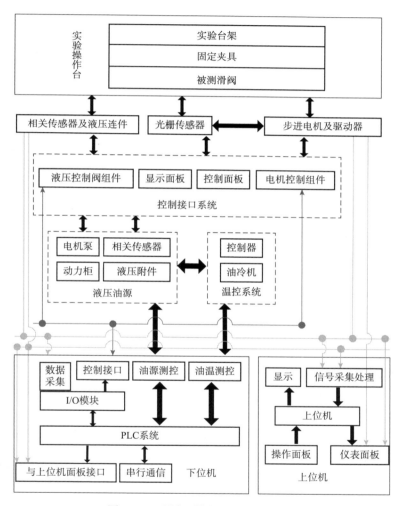

图 5 - 17　滑阀泄漏量测试平台框图

进行测试时，油源系统的供油压力为 (21 ± 0.05) MPa，油液采用 15 号航空液压油，油温为 (25 ± 3)℃，污染等级优于 GJB420A - 6。在该测试平台中，电磁阀组相互配合通断可用于切换油路，测量 P、T、A、B 各口之间的流量，如 A -

T、B－T间的流量，其原理图如图5－18所示。

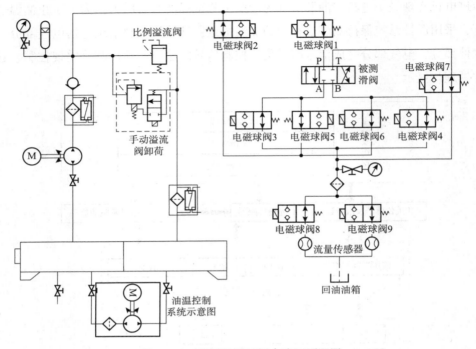

图5－18　泄漏量测试平台液压原理图

为了便于安装及测试，将图5－18的液压系统设计为集成阀块，阀块整体布局如图5－19(a)所示，阀块俯视图如图5－19(b)所示。

如图5－19所示，阀块上可以安装一个1个压力传感器和7个电磁球阀。阀块中直径较大的孔可安装插装阀，其他孔口为进出油口、负载A口、负载B口、油源压力进口P、回油口T。将测试泄漏量的流量计安装在另一个阀块上，其实物安装图如图5－19(c)所示。

滑阀驱动系统用来实现阀芯的运动控制，其系统安装图如图5－20所示，被测滑阀背部管路连接如图5－21所示。驱动系统主要由推杆、滚珠丝杠副、步进电机、光栅尺及轴承等组成。如图5－20所示，为了控制阀芯位移，需要推动阀芯及测试阀芯位移，在阀体两端配做端盖，左侧端盖引入驱动，右侧端盖引出阀芯位移。

如图5－20所示，使用联轴器将步进电机与滚珠丝杠副连接，滚珠丝杠副的右端通过螺母与推杆连接。为了将滑阀阀芯与推杆连接，在滑阀左端加固端盖与推杆连接。步进电机通过滚珠丝杠及推杆来推动阀芯向x轴正向移动。阀芯的右端连接着弹簧，可采用弹簧推动阀芯向 x 轴负方向运动。

(a)阀块整体布局图

(b)阀块俯视图

(c)流量计安装阀块

图 5 – 19　滑阀泄漏量液压测试系统阀块

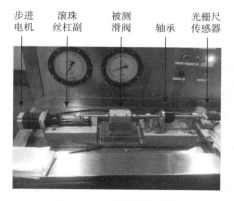

步进
电机　滚珠
丝杠副　被测
滑阀　轴承　光栅尺
传感器

图 5 – 20　滑阀驱动系统

图 5 – 21　滑阀背部油路连接图

5.6.2 实验软件设计

模块化的软件设计方法具有诸多优点，例如模块接口参数定义清晰、模块和变量的定义规范统一、各模块的功能相对集中单一等。因此，本测试台的软件采用模块化方式进行编写。软件实现的功能主要为数据采集与处理、数据的显示与保存、温度的控制、执行机构的控制，软件结构如图 5-22 所示。

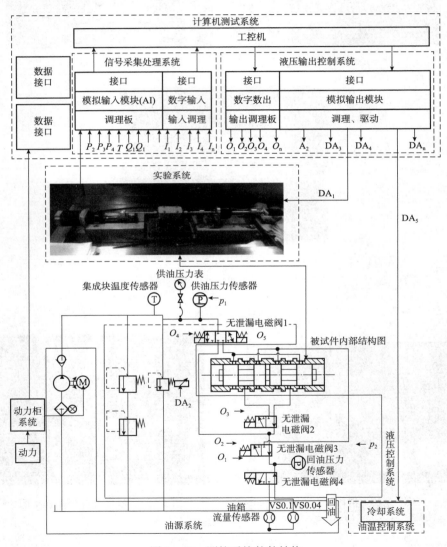

图 5-22　测控系统软件结构

在图 5 – 22 的模块化软件结构中，信号采集处理模块实现滑阀流量采集、滑阀位移采集、滑阀左右压力采集、油液温度采集，数据显示模块主要实现上述变量的显示，油温控制模块实现油液温度的恒温控制，执行机构模块实现步进电机的速度与位移及电磁阀组的配合通断。工控机与各监测系统关系如图 5 – 23 所示。

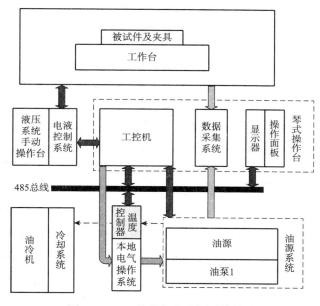

图 5 – 23　工控机与各监测系统关系

5.6.3　实验测试

1）台肩 s_2 处的泄漏量

当测量 A – T 间的泄漏量时，令阀芯向 x 轴正向运动到 0.5mm、1mm 及 1.5mm 处，打开电磁球阀 1、2、5、7、8，其他球阀处于关闭状态，设定油源压力为 3MPa，相同的高压油通入 P、A 口，并经台肩 s_2 流向回油口 T，再经球阀 7、8 回到油箱，由流量传感器 VS0.1 测量流量，测量结果与式（5 – 49）、式（5 – 50）的计算结果对比如表 5 – 6 所示。由表 5 – 6 知，随着阀芯位移的增加，试验值与仿真值都在增加。令阀芯位移保持在 0.5mm 处，分别设定油源压力为 3MPa、6MPa、12MPa、18MPa、21MPa，实验测试结果与仿真计算结果对比如表 5 – 7 所示。

由表 5 – 7 知，随着油源压力的增大，实验值与仿真值都在增大，但实验值增大得更快，主要原因是：①实际测试时，油源压力越大，油温越高，导致油液黏度变小，加大了泄漏量；②阀芯阀体受热变形，导致间隙增大。

表5-6 阀芯位移不同时的台肩 s_2 处的泄漏量对比

	阀芯位移/mm		
	0.5	1.0	1.5
实验值/（mL/min）	15	19	21
仿真值/（mL/min）	12	14	18

表5-7 不同油源压力时的台肩 s_2 处的泄漏量对比

	油源压力/MPa					
	3	6	9	12	18	21
实验值/（mL/min）	15	43	87	160	275	390
仿真值/（mL/min）	12	50	103	149	239	307

2）台肩 s_3 处的泄漏量

当测试 s_3 处的泄漏量时，开启电磁球阀1、2、6、7、8，其他球阀关闭，令阀芯向 x 轴负向运动到0.5mm、1mm及1.5mm处，其他条件设定与台肩 s_2 相同，则阀芯位移不同时的泄漏量对比如表5-8所示，油源压力不同时的泄漏量对比如表5-9所示。测试结果规律类似于台肩 s_2，但比台肩 s_2 的泄漏量略小，这是由于阀芯逆时针偏转一定角度，台肩 s_3 的间隙小于台肩 s_2 的间隙。

表5-8 阀芯位移不同时的台肩 s_3 处的泄漏量对比

	阀芯位移/mm		
	0.5	1.0	1.5
实验值/（mL/min）	14	17	20
仿真值/（mL/min）	10	12	17

表5-9 不同油源压力时的台肩 s_3 处的泄漏量对比

	油源压力/MPa					
	3	6	9	12	18	21
实验值/（mL/min）	14	37	76	158	265	375
仿真值/（mL/min）	10	48	99	138	220	287

第6章 射流管伺服阀的优化模型

前述章节利用数值分析及实验研究分别对力矩马达、液压放大器及滑阀的数学模型进行了修正，并在修正模型的基础上优化了结构参数。本章整合优化后的结构参数，并分析参数优化后射流管伺服阀的静态与动态特性。

根据已优化的参数，虽然射流管伺服阀的静、动态特性会有所提高，但势必会增大阀的体积，提高生产成本。本章在前述优化参数的基础上，综合考虑阀的动、静态特性及体积因素，并提出等级激励制度的粒子群遗传混合算法进行多目标优化。该算法可充分利用粒子群与遗传算法的优势，提高了全局搜索能力及收敛精度。

6.1 射流管伺服阀的初始优化模型

6.1.1 初始优化模型的静态特性

射流管伺服阀中优化后的结构参数如表 6-1 所示，根据力矩马达、液压放大器及滑阀修正后的模型，得到优化前后的静态特性曲线对比如图 6-1 所示。由图 6-1 知，由于力矩马达的优化，射流管伺服阀的磁滞宽度减小了约 25%。

表 6-1 射流管伺服阀的结构优化参数

g/mm	a/mm	$N_c/$匝	$\theta_r/(°)$	l_j/mm	R_r/mm	l_2/mm	l_3/mm	h_z/mm
0.45	24.6	848	40	0.	0.18	1.9	0.6	0.75

6.1.2 初始优化模型的动态特性

根据优化的结构参数，得到射流管伺服阀优化前后的阶跃响应如图 6-2、

图6-3所示。其中,图6-2中的油源压力相同,保持为21MPa,输入电流为分别为40mA、20mA。电流为40mA时,阀芯位移的阶跃响应的超调量降低了约50%,调节时间由0.0195s降低到了0.014s,提高了69.8%。油源压力不变,当输入电流为20mA时,超调量约降低了55%,调节时间由0.017s降低到了0.0135s,提高了20.6%。

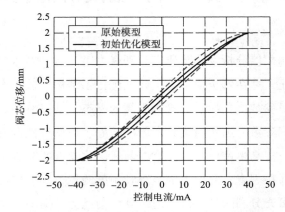

图6-1　射流管伺服阀的初始优化静态特性对比

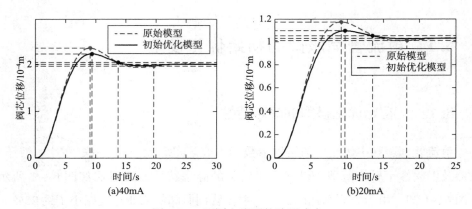

图6-2　不同电流下的阶跃响应

　　若输入电流为40mA,油源压力分别为15MPa、7MPa,得到的阀芯位移阶跃响应如图6-3所示。油压为15MPa时,优化后阀的阶跃响应的超调量降低了50%,调节时间提高了26.7%。油压为7MPa时,优化后阀的阶跃响应超调量降低了45%,调节时间提高了30.7%。

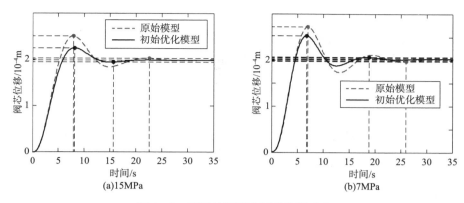

图6-3 不同油源压力下的阶跃响应

同时，取电流幅值为40mA，可得到射流管伺服阀优化前后的阀芯位移频率响应对比如图6-4所示，伺服阀的幅频宽度由85Hz提高到110Hz，相频宽由65Hz提高到80Hz。

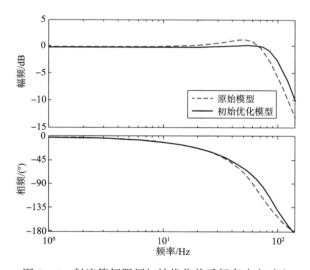

图6-4 射流管伺服阀初始优化前后频率响应对比

根据上述分析，分别对力矩马达、液压放大器及滑阀阀芯的结构参数优化后，降低了射流管伺服阀的滞环宽度、超调量和调节时间，提高了频响宽度，但同时增加了阀的体积。如衔铁中 a 从20mm增加到24.6mm，射流管到接收孔的距离 l_j 从0.2mm增加到0.3mm，会使得伺服阀的体积至少增加10%，增加了生产成本及安装空间。因此，在优化射流管伺服阀结构参数的同时，要考虑到阀的体积参数 V_{se}。

6.2 等级激励制度的粒子群遗传混合优化算法

遗传算法通过具有竞争性的交叉和变异来产生下一代，使整个种群可以向最优解集移动，种群中的子个体通过遗传操作来产生，从而可保证种群的多样性及全局搜索能力，但遗传操作是以一定的概率随机操作的，不具备记忆功能，收敛速度慢。而粒子群算法是依靠公式更新粒子的位置和速度，来追踪个体最优解和群体最优解，可借鉴以往的搜索经验，原理简单，收敛速度快，但易丧失群体多样性，出现局部最优解，造成"早熟"现象。两种优化算法都具有并行性，都是利用适应度函数为判断依据来搜索最优解的。因此，可结合粒子群算法与遗传算法的优势，形成粒子群遗传混合算法，加快收敛速度，保证种群多样性及全局搜索能力。

6.2.1 粒子群遗传混合算法的分类

迄今为止，粒子群算法与遗传算法有多种结合方式，归结起来分为3种。

1）次序结合

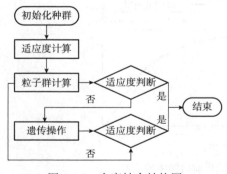

图6-5 次序结合结构图

次序结合是将遗传操作和粒子群按照次序都作用于种群的每个个体，来产生新的种群，不断更新迭代，直至设定的代数。图6-5为Bertram等提出的算法结构图，原理为：对种群个体先进行粒子群算法操作，然后判断是否满足一定的适应度条件，若满足，结束迭代；若不满足，继续进行遗传操作更新，再判断是否满足适应度条件，若满足结束迭代，不满足就继续进行粒子群算法操作。

2）平行结合

平行结合是根据规定的条件将种群个体分成两部分，一部分进行粒子群操作，一部分进行遗传操作，之后结合成新的种群继续分割操作，如此往复。Yi-Tung Kao等在粒子群操作部分引入遗传操作后的个体来调节速度和位移更新算法，若为 N 维问题，则算法结构如图 6-6 所示。

3）交叉结合

交叉结合是运用遗传操作更新粒子群中
粒子的速度和位置，或者将粒子群算法融入
遗传操作中。Angeline 采用遗传算法中的变
异特性来改善粒子群中的粒子，保证了种群
的多样性。Keivan Borna 等以遗传算法为主
体，将粒子群算法中的位置更新公式引入到
变异操作中，使得染色体变异更具有目标性，
避免了染色体的盲目变异。

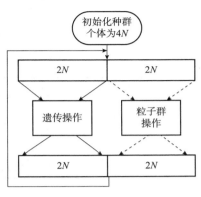

图 6-6　平行结合结构图

综上所述，粒子群与遗传的混合算法比
单独的粒子群或遗传具有更优的搜索能力。尤其是两种算法的交叉结合，更能发
挥两者的优势。但目前的交叉结合只是以一种算法为主体，并不能充分显示两种
算法各自的优势。

6.2.2　改进的粒子群遗传混合算法

本节在粒子群与遗传算法交叉结合的基础上，提出了一种等级激励制度的粒
子群遗传混合算法（Hierarchical Encourange Pariticle Swarm Genetic Algorithm，即
HEPG），算法结构如图 6-7 所示。该算法主要思想为：将种群个体按照适应度
值分成不同的等级，对优秀及精英个体进行激励，即运用粒子群算法操作让这些
个体向更优靠近，对普通个体进行交叉操作，期望其产生优秀个体；然后，根据
不同等级进行不同概率的变异操作，即个体越优秀，变异概率越低，反之亦然，
来保证精英和优秀个体的优势，同时也增大普通个体向优秀个体进化的概率；最
后，为了保持种群个体的竞争，对变异后种群中的所有个体继续计算适应度值，
并再次排序，直到最大迭代次数。

激励等级制度的粒子群遗传混合算法的步骤如下：

步骤 1：初始化种群个体 N_p 及算法参数，包括惯性权重 w、初始化速度 v_{ij}、
最大速度 v_{max}、初始位置 x_{ij}、学习因子 c_1 和 c_2、优选率 c_{e1} 和 c_{e2}、交叉率及变
异率。

步骤 2：随机地产生初始种群。

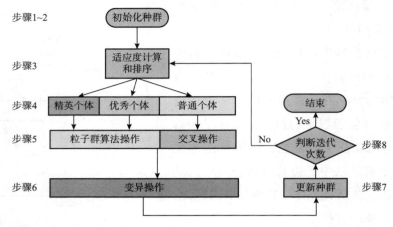

图 6 - 7　HEPG 的算法结构

步骤 3：计算每个个体的适应度值，并按照适应度值将种群个体排序。

步骤 4：依据排序后的种群和优选率，选择精英个体为 N_{e1}，优秀个体为 N_{e2}，如式（6 - 1）、式（6 - 2）所示：

$$N_{e1} = c_{e1} \times N_p \tag{6 - 1}$$

$$N_{e2} = c_{e2} \times N_p - N_{e1} \tag{6 - 2}$$

步骤 5：根据式（4 - 25）～式（4 - 27）更新精英粒子和优秀粒子的位置和速度，同时根据式（3 - 21）～式（3 - 23）对普通个体进行交叉操作。

步骤 6：对通过步骤 4、步骤 5 形成新的种群，根据个体的优秀程度设置不同的变异率，精英个体的变异率最低为 $\delta_{m1} = 0.005$，优秀个体的变异率适中为 $\delta_{m2} = 0.008$，而普通个体的变异率最高 $\delta_{m3} = 0.01$，以此保持优良个体，并激励普通个体。

步骤 7：更新种群和算法参数。

步骤 8：判断迭代次数是否满足预设，若不满足则重复进行步骤 3～步骤 7，若满足结束进程。

6.2.3　改进混合算法的验证

Rosenbrock 函数是多维函数，其搜索空间为 $(-2.048，2.048)^n$，公式见式（6 - 3）。该函数的优化属于无约束优化问题，其最小值位于抛物状最低谷。由于 Rosenbrock 函数优化为高维问题，目前关于优化的算法较少，本节采用 Rosenbrock 函数的优化来验证等级激励制度的粒子群遗传混合算法，并与第 3 章的遗传算法、第 4 章的粒子群算法及 Kao 等人提出的混合算法做对比。

$$f_{100} = \sum_{i=1}^{n-1} \left[100 \left(x_{i+1} - x_i^2 \right)^2 + \left(1 - x_i \right)^2 n \right] = 100 \qquad (6-3)$$

利用 MATLAB 中的 M 文件编写 Rosenbrock 函数及算法，为了增加算法可信度，4 种算法都使用同样的初始种群，并进行 30 次计算。4 种算法结果的评价指标为计算的最小值、最小值的平均值、计算的方差及花费的时间。设置种群个数为 500，迭代次数为 1000，Rosenbrock 函数的维数为 100，结果对比如表 6 - 2 所示，收敛的结果如图 6 - 8 所示。

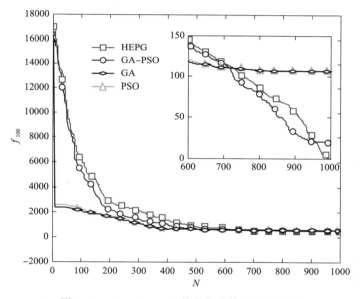

图 6 - 8　Rosenbrock 函数优化的算法收敛对比

HEPG 和 GA - PSO 有相近的计算时间，单一的 GA 和 PSO 的计算时间较少。但是，GA 和 PSO 陷入了局部极值，过早地收敛，HEPG 和 GA - PSO 可以不断地搜索空间。虽然 GA - PSO 有一定的全局搜索能力，还是比 HEPG 收敛得早。而 HEPG 可以继续搜索下去，其收敛值已经无限接近于 Rosenbrock 函数的极小值 0。同时，HEPG 算法的计算结果方差最小，验证了其稳定性。4 种算法的结果对比说明，HEPG 可以搜索更广阔的空间，可以避免过早地陷入局部最小值，而找到 Rosenbrock 函数的全局最小值。

表 6 – 2 Rosenbrock 函数优化算法结果对比

算法	最小值	平均值	方差	花费的平均时间
GA	97. 2	99. 1	14. 5	196min
PSO	97. 3	101	15. 9	192min
GA – PSO	21. 2	37. 3	0. 121	235min
HEPG	2.1×10^{-4}	3.2×10^{-4}	0. 0311	296min

6.3 基于 HEPG 的射流管伺服阀优化设计

6.3.1 优化参数及目标函数

射流管伺服阀的主要结构优化参数如表 6 – 1 所示，其中影响阀体积的参数主要为衔铁转轴到气隙中心的距离 a、气隙厚度 g 和射流管到接收孔平面的距离 l_j。由前述分析可知，虽然阀的动、静态特性提高，但参数 a、g 和 l_j 的尺寸都增大，阀的体积随之增加，提高了生产成本。因此，在优化设计时，要兼顾阀的体积 V_{se}，将体积的增加控制在 5% 以内。则目标函数为：

$$\begin{cases} \min F_1(\vec{x}) = [V_{se}(\vec{x})] \\ \min F_2(\vec{x}) = [\sigma_{se}(\vec{x})] \\ \min F_3(\vec{x}) = [t_{ses}(\vec{x})] \end{cases} \quad (6-4)$$

式中，V_{se} 为阀的体积；σ_{se} 为阀阶跃响应的超调量；t_{ses} 为阀阶跃响应的调节时间；$\vec{x}$ 为向量，取 (a, g, l_j)。

进行多目标函数优化时，可利用权重系数将多目标函数处理为统一目标值，即为：

$$F_{se}(\vec{x}) = \left[\frac{V_{se}(\vec{x})}{V_{se,max}(\vec{x})}, \frac{\sigma_{se}(\vec{x})}{\sigma_{se,max}(\vec{x})}, \frac{t_{ses}(\vec{x})}{t_{ses,max}(\vec{x})} \right] \cdot \vec{w}_{se} \quad (6-5)$$

式中，$F_{se}(\vec{x})$ 为总目标值；$\vec{w}_{se}$ 为权重向量，$\vec{w}_{se} = (w_V, w_\sigma, w_t) = (0.3, 0.3, 0.4)$；$V_{se,max}(\vec{x})$ 为 2. 3648e + 005mm^3；$\sigma_{se,max}(\vec{x})$ 为 0. 11；$t_{ses,max}(\vec{x})$ 为 0. 015s。

对射流管伺服阀进行优化的参数及范围如表 6 – 3 所示，参数范围限制在原始值与初始优化值之间。

表 6 – 3　射流管伺服阀的优化参数

a/mm	g/mm	l_j/mm
20 ~ 24.6	0.42 ~ 0.45	0.2 ~ 0.3

6.3.2　优化流程

根据射流管伺服阀的模型和 HEPG 混合算法结构，得到优化设计的流程图如图 6 – 9 所示。

在图 6 – 9 中，射流管伺服阀的模型中存在磁滞、淹没射流及摩擦等非线性环节，无法直接得到解析解，需要在 SIMULINK 中建模，采用龙格库塔法求得阶跃响应的超调量和调节时间，并根据每次迭代优化后的结构尺寸求得阀的体积，具体步骤如下：

步骤 1：初始化 HEPG 混合算法中的参数和数量为 N 的种群。

步骤 2：将初始化的种群代入到射流管伺服阀的模型中，进行动态响应分析和体积计算，得到 N 组阶跃响应的 σ_{se}、t_{ses} 及阀的体积 V_{se}。

步骤 3：根据式(6 – 4)计算总目标值 $F_{\text{se}}(\vec{x})$，并按照从小到大的顺序排列种群个体。选出 $F_{\text{se}}(\vec{x})$ 值最小的 20% 作为精英群体 N_{ne1}，在剩下的个体中再选出 $F_{\text{se}}(\vec{x})$ 值最小的 20% 作为优秀群体 N_{ne2}，余下的作为普通个体 N_{ne3}。

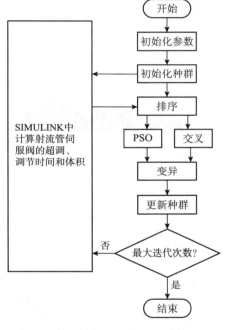

图 6 – 9　射流管伺服阀优化设计算法流程

步骤 4：对种群 N_{ne1}、N_{ne2} 进行速度 v_{se}、位置 x_{pse} 更新，分别得到新的种群 N_{ne1}、N_{ne2}，对种群 N_{ne3} 进行交叉操作，得到 N_{ne3}。

步骤 5：根据变异率 δ_{m1}、δ_{m2} 及 δ_{m3} 分别对 N_{ne1}、N_{ne2} 和 N_{ne3} 进行变异操作。

步骤 6：对变异后的种群进行更新、组合，得到新的种群 N_{new}。

步骤 7：判断是否满足最大迭代次数，若满足，结束进程；若不满足，将种

群 N_{new} 中的参数代入到射流管伺服阀的模型中再次计算阶跃响应的 σ_{se}、t_{ses} 及阀的体积 V_{se}，并转入到步骤 3。

6.3.3　优化结果与分析

利用 MATLAB 中的 M 文件编写 HEPG 混合算法程序，并与 SIMULINK 中的射流管伺服阀模型相连接，设定种群个数 N 为 100，迭代次数为 300，油源压力为 21MPa，输入电流为 40mA。根据前述，3 个优化目标为最小超调、最小调节时间和最小体积。每次迭代的最优目标值与初始优化的目标值对比如图 6-10 所示，图中横线代表初始优化值，圆圈代表优化目标值，横坐标为迭代次数。

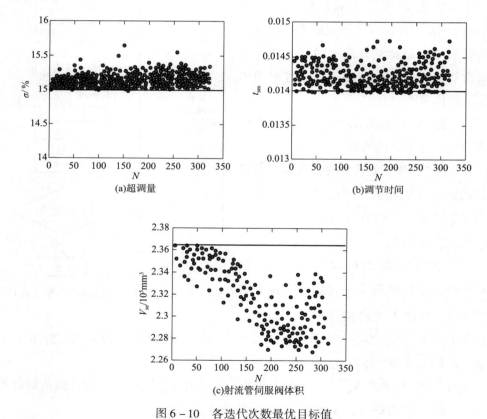

图 6-10　各迭代次数最优目标值

节选部分迭代次数的最优 $F_{se}(\vec{x})$，如表 6-4 所示，其中第 273 代的目标总值 $F_{se}(\vec{x})$ 最小，对应的射流管伺服阀的体积也最小，为 $2.2692e+5mm^2$，比阀的原始体积增大了3.95%，满足了阀的体积增长要求。因此，选择第273代的结构参数，射流管伺服阀的原始结构参数与初始优化后的结构参数及基于HEPG优化的结构参数对比如表6-5所示。

表6-4 各次迭代最优目标值及结构参数值

迭代次数	参数		目标值			目标总值	
	a/mm	g/mm	l_j/mm	$\sigma_{se}/\%$	t_{ses}/s	V_{se}/mm^3	$F_{se}(\vec{x})$
1	24.6	0.45	0.3	10	0.014	2.3648e+5	0.8975
31	24.4	0.45	0.31	10.2	0.0141	2.3567e+5	0.8973
56	24.5	0.44	0.293	10.1	0.0142	2.3600e+5	0.8944
97	24.3	0.43	0.29	10.23	0.0144	2.3513e+5	0.8972
113	24.0	0.434	0.27	10.1	0.0143	2.3381e+5	0.8901
145	23.9	0.434	0.269	10.1	0.0143	2.3339e+5	0.8894
169	22.4	0.43	0.26	10.27	0.0147	2.2775e+5	0.8892
198	22.3	0.429	0.259	10.41	0.0147	2.2693e+5	0.8906
210	22.6	0.431	0.24	10.35	0.0146	2.2805e+5	0.8897
273	22.3	0.435	0.245	10.32	0.0146	2.2692e+5	0.8874
321	22.5	0.437	0.247	10.33	0.0147	2.2770e+5	0.8907

表6-5 射流管伺服阀的原始、初始优化及HEPG优化后的结构参数对比

结构参数	原始参数	初始优化	HEPG优化
a/mm	20	24.6	22.3
g/mm	0.42	0.45	0.437
l_j/mm	0.2	0.3	0.247
V_{se}/mm^3	2.1830e+5	2.3648e+5	2.2692e+5

6.4 HEPG优化后的射流管伺服阀特性分析

6.4.1 HEPG优化后的射流管伺服阀静态特性

采用HEPG混合算法优化后的射流管伺服阀静特性与初始优化后的静特性对比如图6-11所示，二者的输入电流都为40mA，油源压力为21MPa。

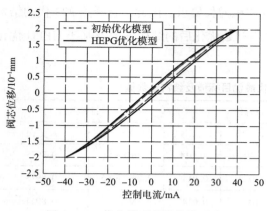

图 6 - 11 优化模型的静特性对比

滞环为产生相同输出量的往返控制量的最大差值与额定控制量的百分比，由图 6 - 1 与图 6 - 11 可知，原始模型的滞环为 20%，初始优化模型的滞环为 10%，HEPG 优化后模型的滞环为 15%。采用 HEPG 优化后，模型的滞环比初始优化的模型滞环增加了 50%，但仍比原始模型的滞环降低了 25%。

伺服阀的非线性度是指阀芯位移的不直线度，即用名义阀芯位移对名义阀芯位移增益线的最大偏差与额定电流之比的百分比数表示，最大不大于 8%。由图 6 - 11 可知，HEPG 优化后非线性度约为 7.9%。

分辨率为使阀的输出发生变化的所需要的最小控制电流增量与额定电流之比的百分数，它随控制电流大小和停留时间长短不同而变。由图 6 - 11 可知，控制电流从 40mA 降到 39.6mA 时，阀芯位移才开始发生变化，因此射流管伺服阀的理论分辨率为 1%。

6.4.2 HEPG 优化后的射流管伺服阀动态特性

射流管伺服阀的动态特性包括时域和频域，对比伺服阀的原始模型、初始优化模型和 HEPG 优化模型的动态特性如下。

1）阶跃响应

阶跃输入是系统最严峻的工作状态，对比不同输入电流及不同油源压力下的阶跃响应。图 6 - 12 为油源压力 21MPa，输入电流分别为 40mA、30mA、20mA 和 10mA 下的阶跃响应。

如图 6 - 12 所示，随着输入电流的减小，射流管伺服阀 3 个模型的阀芯阶跃响应的超调量和调节时间都随之减小，相应的对比如表 6 - 6 所示。如表 6 - 6 所示，在不同的电流输入下，HEPG 优化的模型比初始优化模型的平均超调量大了 4.65%，平均调节时间多了 6.09%，但比原始模型的平均超调量减小了 51.39%，平均调节时间提高了 24.28%。

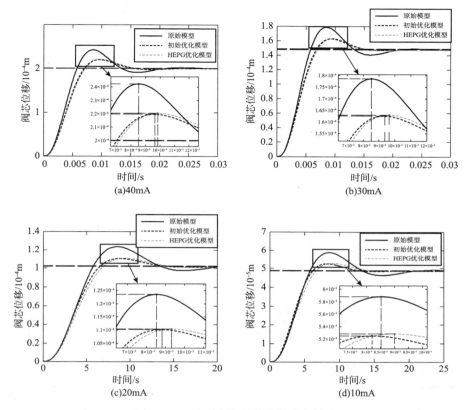

图 6 - 12　不同电流下的阶跃响应对比

表 6 - 6　不同电流下的阶跃响应对比

输入电流/mA	超调/%			调节时间/ms		
	原始模型	初始优化	HEPG 优化	原始模型	初始优化	HEPG 优化
40	21	10	10.33	19.2	14	14.6
30	19.8	9.39	10	18.7	13.5	14.1
20	18.4	8.39	8.9	17.7	12.5	13.5
10	17.9	7.68	8	16.9	11.8	12.7

2）频率响应

频率响应表示了系统对不同频率正弦信号响应的特性，包括幅频特性和相频特性。令输入电流幅值为 40mA，射流管伺服阀 3 个模型的频率响应对比如图 6 - 13 所示。如图 6 - 13 所示，HEPG 优化后的模型的幅频宽为 103Hz，相频宽为 75Hz。三者的幅相频宽对比如表 6 - 7 所示。

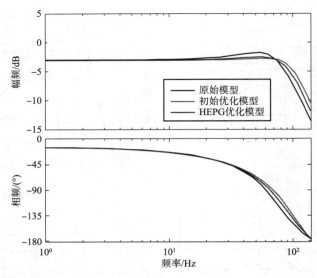

图 6 – 13　频率响应对比

表 6 – 7　频率响应对比

响应特性	原始模型	初始优化模型	HEPG 优化模型
幅频宽/Hz	85	110	103
相频/Hz	65	85	80

　　如表 6 – 7 所示，基于 HEPG 混合算法优化的射流管伺服阀的幅频宽与相频宽分别比初始优化模型的幅相频宽降低了 6.36%、5.88%，但比原始模型的幅相频宽度分别提高了 21.2%、23.1%。

　　由阶跃响应和频率响应可知，基于 HEPG 混合算法的优化不仅将射流管伺服阀的体积增长控制在了 5% 以内，同时极大地提高了伺服阀的动态特性。

参考文献

[1]王春行. 液压控制系统[M]. 北京：机械工业出版社，2008.

[2]Jones J C. Developments in design of electro – hydraulic control valves from their initial design concept to present day design and applications[M]. Monash University, Australia, November 1997：20 – 25.

[3]Maskrey R H, Thayer W J. A brief history of electrohydraulic servomechanisms[J]. Journal of Dynamic Systems Measurement & Control, 1978, 100(2)：110.

[4]黄人豪，濮凤根. 液压控制技术回顾与展望[J]. 液压气动与密封，2002，96(6)：1 – 9.

[5]方群，黄增. 电液伺服阀的发展历史、研究现状及发展趋势[J]. 机床与液压，2007，35(11)：162 – 165.

[6]李其朋，丁凡. 电液伺服阀技术研究现状及发展趋势. 工程机械[J]. 2005(6)：28 – 33.

[7]黄增，方群，王学星，等. 射流管式电液伺服阀与喷嘴挡板式电液伺服阀比较. 流体传动与控制[J]. 2007(4)：43 – 45.

[8]黄增. 射流管电液伺服阀在航天航空领域应用研讨会会议报告[C]. 上海：中船重工七〇四研究所，2011.

[9]Rabie M. Fluid power engineering[M]. Cairo, Egypt：The McGraw – Hill Companies, Inc. 2009.

[10]章敏莹，方群，金瑶兰，等. 射流管伺服阀在航空航天领域的应用[J]. 机床与液压，2006，9(11)：45 – 51.

[11]赵开宇，张利剑，袁朝辉. 射流管电液伺服阀特性分析[J]. 机床与液压，2016(14)：56 – 59.

[12]刘连山，任振家；田纪熊，等. 射流管式电液伺服阀频率特性的计算机辅助分析[J]. 大连海运学院学报，1984(01)：59 – 68.

[13]王学星. 射流管电液伺服阀的特点[J]. 液压与气动，1986，000(002)：28 – 29.

[14]王兆铭，渠立鹏，金瑶兰. 射流管电液伺服阀在压力控制中的应用[J]. 机床与液压，2009(11)：23 – 30.

[15]张若青，付忠勇，胡春江，等. 板带跑偏对中系统的射流管伺服阀故障分析[J]. 机床与

液压，2000(3)：24-30.

[16]尧建平，冯建民，王晓光，等. 射流管电液伺服阀在全尺寸飞机结构静力疲劳试验中的应用研究[J]. 液压与气动，2010(3)：74-76.

[17]曾广商，何友文. 射流管伺服阀研制[J]. 液压与气动，1996(3)：6-8.

[18]张继义. CSDY射流管电液伺服阀[J]. 机电设备，1995(2)：29-31.

[19]刘燕敏. 新型射流管伺服阀接收管加工工艺[J]. 航空工艺，1997(4)：38-40.

[20]王志骏，鲁超英. 射流管伺服阀弹簧管加工工艺改进[J]. 机电设备，2007(8)：13-14.

[21]李松晶，宋彦伟，聂伯勋. 采用磁流体的射流管伺服阀试验研究[J]. 机床与液压，2006(9)：130-131.

[22]冀宏，魏列江，方群等. 射流管伺服阀射流管放大器的流场解析[J]. 机床与液压，2008(9)：126-129.

[23]谢志刚. 射流管伺服阀的流场仿真研究. 第三届中国CAE工程分析技术年会暨2007全国计算机辅助工程(CAE)技术与应用高级研讨会论文集[C]. 大连：中国机械工程学会，2007，395-400.

[24]金瑶兰，渠立鹏，章敏莹. 射流管伺服阀AMESim建模与仿真[J]. 液压气动与密封，2010(8)：45-47.

[25]李松晶，彭敬辉，张亮. 伺服阀力矩马达衔铁组件的振动特性分析[J]. 兰州理工大学，2010，36(3)：38-41.

[26]王嘉. 射流管伺服阀剪切层振荡的分析及实验研究[D]. 哈尔滨：哈尔滨工业大学能源科学与工程学院，2007.

[27]杨月花. 伺服阀前置级射流流场分析及实验研究[D]. 哈尔滨：哈尔滨工业大学机电工程学院，2006.

[28]盛晓伟. 添加磁流体的射流管伺服阀动态特性研究[D]. 哈尔滨：哈尔滨工业大学机电工程学院，2006.

[29]Thomas J U. Fluid mechanics, bond graphs and jet pipe servo valves[J]. In Modeling and simulation of systems, IMACS, 1989(3)：77-81.

[30]Hiremath S S, Singaperumal M, Kumar R K. Design Parameters and Their Optimization to Get Maximum Pressure Recovery in Two Stage Jet Pipe Electrohydraulic Servovalve[C]. International Off-Highway & Powerplant Congress, 2002：121-132.

[31]Somashekhar S H, Singaperumal M, KrishnaKumar R. Stiffness analysis of feed back spring and flexure tube of jet pipe electrohydraulic servovalve using finite element method[C]. ASME Conference, 2002：201-217.

[32]Somashekhar S H, Singaperumal M, KrishnaKumar R. Modeling and investigation on a jet pipe

electrohydraulic flow control servovalve[C]. The Eighteenth Annual Meeting the American Society for Precision Engineering, Portland, Oregon , Oct 26 – 31, 2003: 123 – 134.

[33]Somashekhar S H, Singaperumal M, KrishnaKumar R. Modelling the steady – state analysis of a jet pipe electrohydraulic servo valve[J]. InstnMech. Engrs, Part I: J. Systems and Control Engineering, 2006, 220(12): 109 – 129.

[34]Somashekhar S H, Singaperumal M, KrishnaKumar R. Mathematical modelling and simulation of a jet pipe electrohydraulic flow control servo valve[J]. Proceedings of the Institution of Mechanical Engineers – Part I – Journal of Systems & Control Engineering, 2007, 221(3): 365 – 382.

[35]Somashekhar S H, Singaperumal M, KrishnaKumar R. Electro – mechanical – fluid interaction of jet pipe electrohydraulic flow control servovalve[C]. The 2003 ASME International Mechanical Engineering Congress. Washington, D. C., USA: Fluid Power Systems and Technology , 2003: 23 – 35.

[36]任锦胜，李晓阳，姜同敏. 基于污染磨损的射流管伺服阀加速退化试验研究[J]. 可靠性工程. 2012, 11(2): 52 – 54.

[37]戴城国，王晓红，张新等. 基于模糊综合评判的电液伺服阀 FMECA[J]. 北京航空航天大学学报. 2011, 37(12): 1575 – 1578.

[38]周果，钱宇，吕堂祺. 基于 FMECA 的射流管式电液伺服阀可靠性分析研究[J]. 船舶工程, 2014, 36(4): 57 – 60.

[39]Library L. Fluent 5 User's guide[J]. Fluent Inc. 1998(3): 132 – 145.

[40]王福军. 计算流体动力学分析 – CFD 软件原理与应用[M]. 北京：清华大学出版社，2004.

[41]冀宏. 液压阀芯节流槽气穴噪声特性的研究[D]. 杭州：浙江大学机械与能源学院，2004.

[42]丁大力. 液压阀节流槽内气穴气泡生长特性的研究[D]. 兰州：兰州理工大学流体动力与控制学院，2009.

[43]Singhal A K, Athavale M M, Li H Y, et al. Mathematical basis and validation of the full cavitation model[J]. Journal of Fluids Engineering, 2002, 124(3): 617 – 624.

[44]ADINA R & D. Adina theory and modeling guide volume I: adina solids & structures[M]. US: 2005: 614 – 615.

[45]傅志方，华宏星. 模态分析理论与应用[M]. 上海：上海交通大学出版社，2000.

[46]彭敬辉. 多场耦合的伺服阀力矩马达衔铁组件振动特性研究[D]. 哈尔滨：哈尔滨工业大学机电工程学院，2011.

[47]付永领，祁晓野. AMESim 系统建模和仿真 – 从入门到精通[M]. 北京：北京航空航天大

学出版社，2005.

［48］Xiaochu liu，Lin Xiao. New modeling and analysis of three–stage electro–hydraulic servo valve［J］. Modelling，Simulation and Optimization，2008，20：146–150.

［49］张颖，袁朝辉，赵开宇. 某舵机伺服阀衔铁反馈杆组件谐响应分析［J］. 测控技术，2013，32（9）：154–158.

［50］褚渊博，袁朝辉，张颖. 射流管式伺服阀冲蚀磨损特性研究［J］. 航空学报，2014，24（19）：2606–2610.

［51］赵开宇，袁朝辉，张颖. 射流管式伺服阀反馈弹簧组件分析［J］. 中国机械工程，2013，24（19）：2606–2610.

［52］张颖，袁朝辉，陈俊硕. 某型飞机刹车系统优化问题仿真分析［J］. 计算机仿真，2014，31（1）：53–57.

［53］张颖，袁朝辉，王文山. 飞机副翼舵面控制的力纷争问题［J］. 中国机械工程，2014，25（14）：1893–1900.

［54］Zhang Y，Yuan Z，Wang W. Force–fight problem in control of aileron's plane［J］. Zhongguo Jixie Gongcheng/China Mechanical Engineering，2014，25（14）：1893–1900.

［55］Ying Z，Yuan Z. Control Strategy of Aileron's Force–fight［J］. International Journal of Multimedia and Ubiquitous Engineering，2014，9（8）：301–312.

［56］方群. 射流管电液伺服阀的研制应用及发展趋势［A］. 第五届中国船舶及海洋工程用钢发展论坛：2013船舶及海洋工程甲板舱室机械技术发展论坛论文集［C］，南京，2013：94–106.

［57］Kast Howard B. Shear type fail fixed servovalve：US，4510848［P］. 1985–4–16.

［58］Cobb Clyde E，Jones Charles E. Adjustable receiver port construction for jet pipe servovalve：US：3584638［P］. 1971–6–15.

［59］Wakefield D C，Thompson R. Improvements in control systems for hydraulic spool valves：EP，EP0131656 A1［P］. 1985.

［60］Nicholson Robert D，Daniel Alger T. Laminated jet pipe receiver plug assembly method and structure：US，4295594［P］. 1981–10–20.

［61］Elmberg Dwayne R. Servovalve assembly：UK，2043961［P］. 1980–10–8.

［62］Sloate Harry M. Rotary servo valve：US，4674539［P］. 1987–6–23.

［63］Axelrod Leslie R，Johnson Delmar R，Wayne L. Hydraulic servo control valves［R］. United States：A Force，1957：29–55.

［64］陈学龙，高梅香. MOOG伺服阀系统在压铸机上的应用［J］. 机电产品开发与创新，2013，26（6）：125–127.

[65]郭逢刚. Honeywell 跨国公司的研发管理研究[D]. 武汉：华中科技大学，2013：11 – 17.

[66]阎耀保. 射流管伺服阀在飞机液压系统中的应用[J]. 液压与气动，2012，(7)：8 – 12.

[67]蒋中立. 电液伺服阀专利技术综述[J]. 科技传播，2014，(21)：85 – 86.

[68]阎耀保. 射流管伺服阀欧美专利分析[J]. 液压气动与密封，2012，(2)：68 – 72.

[69]张继义. CSDY 型射流管电液伺服阀[J]. 机电设备，1995，(2)：29 – 31.

[70]赵振厚. CSDY 系列射流管电液伺服阀的研制工作的回顾[J]. 机电设备，1991，(1)：
　　7 – 9.

[71]曾广商，何友文. 射流管伺服阀研制[J]. 液压与气动，1996，(3)：6 – 8.

[72]王志骏，鲁超英. 射流管伺服阀弹簧管加工工艺改进[J]. 机电设备，2007，(8)：
　　13 – 14.

[73]何学工，黄曾，金瑶兰. 射流管式电液压力伺服阀技术研究[J]. 机床与液压，2013，41
　　(10)：60 – 62.

[74]吕堂祺，周果，钱宇. 射流管式电液伺服阀可靠性数字仿真[J]. 船舶标准化工程师，
　　2014，(4)：52 – 55.

[75]程雪飞，金瑶兰，王思民. 射流管式电液伺服阀环境试验分析[J]. 液压气动与密封，
　　2013，(9)：33 – 36.

[76]金瑶兰，渠立鹏，章敏莹. 射流管伺服阀 AMESim 建模与仿真[J]. 液压气动与密封，
　　2010，(8)：45 – 47.

[77]尧建平，冯建民，王晓光. 射流管电液伺服阀在全尺寸飞机结构静力疲劳试验中的应用
　　研究[J]. 液压与气动，2010，(3)：74 – 76.

[78]王莹，裴宏军. 射流管伺服阀调试方法[J]. 航天制造技术，2006，(1)：54 – 55.

[79]顾瑞龙，张慧慧. 电反馈电液伺服阀的研究[J]. 华北电力学院学报，1986，(2)：
　　26 – 36.

[80]汪建业. 重型机械工业的发展和设备需求[J]. 世界制造技术与装备市场，2007，(6)：
　　91 – 92.

[81]韩宁. 应用 Fluent 研究阀门内部流场[D]. 武汉：武汉大学，2005：7 – 10.

[82]龙靖宇，杨阳，黄浩. 基于 Fluent 的双喷嘴挡板电液伺服阀主阀流场的可视化仿真[J].
　　武汉科技大学学报，2010，33(3)：307 – 309.

[83]吕庭英，黄效国，何康宁. 基于 Fluent 的液压伺服阀液动力研究[J]. 机床与液压，2011，
　　39(13)：131 – 132.

[84]陈元章. 基于 CFD 的电液伺服阀衔铁组件啸叫研究[J]. 液压气动与密封，2012，(9)：
　　9 – 12.

[85]李如平，聂松林，易孟林. 基于 CFD 的不同工作介质下射流管伺服阀流场特性仿真研究

［J］. 机床与液压，2011，39(3)：10 – 12.

［86］谢志刚. 射流管伺服阀的流场仿真研究［C］. 第三届中国 CAE 工程分析技术年会论文集，中国辽宁大连，2007，7(28)：383 – 388.

［87］谢拥军. Ansoft HFSS 基础及应用［M］. 西安：西安电子科技大学出版社，2007：96 – 227.

［88］曹涛，刘景林，赵小鹏. 270V 高压稀土永磁电动机动态仿真与测试研究［J］. 微电机，2009，(10)：33 – 36.

［89］Coello C A C. A comprehensive survey of evolutionary – based multiobjective optimizationtechniques［J］. Knowl Inform Syst，1999，1(3)：269 – 308.

［90］Osyczka A. Multicriteria optimization for engineering design［M］. US：Academic Press，1985.

［91］Vilfredo Pareto. Cours d'economie politique［M］，volume I and II. F. Rouge，Lansanne，1896.

［92］王学星. 射流管伺服阀［J］. 液压与气动，1990，(4)：41.

［93］王纪森，张晓娟，彭博. 射流管式伺服阀前置级建模与仿真［J］. 机床与液压，2012，40(7)：160 – 162.

［94］Somashekhar S H，Singaperumal R. Krishna Kumar. Modelling the steady – state analysis of a jet pipe electrohydraulic servo valve［J］. Journal of Systems and Control Engineering，2006，220(2)：109 – 130.

［95］Xuan Hong Son P，Thien Phuc T. Mathematical model of steady state operation in jet pipe electro – hydraulic servo valve［J］. Donghua University(English Edition)，2013，30(4)：269 – 275.

［96］李跃松. 超磁致伸缩射流伺服阀的理论与实验研究［D］. 南京：南京航空航天大学，2014.

［97］张颖，射流管伺服阀的模型构建与仿真研究［D］. 西安：西北工业大学，2015.

［98］刘沛清. 自由紊动射流［M］. 北京：北京航空航天大学出版社，2008.

［99］Jw A，Yz B，Ms A，et al. Adaptive iterative learning control of a class of nonlinear time – delay systems with unknown backlash – like hysteresis input and control direction – ScienceDirect［J］. ISA Transactions，2017，70：79 – 92.

［100］Hassani V，Tjahjowidodo T，Do T N. A survey on hysteresis modeling，identification and control［J］. Mechanical Systems and Signal Processing，2014，49(2)：209 – 233.

［101］Liu Q F，Bo H L. Design and analysis of operation performance of parameters of the integrated valve under the high temperature condition［J］. Annals of Nuclear Energy，2014，71(3)：237 – 244.

［102］Yingtao，Zhang，Gang，et al. Experimental Study of High Temperature Hydrozing Annealing 1J50 Alloy's Magnetic Properties［J］. Journal of Manufacturing Science and Engineering，2013，135(6)：61024 – 61024.

［103］Bahar A, Pozo F, Acho L, et al. Parameter identification of large – scale magnetorheological dampers in a benchmark building［J］. Computers & Structures, 2010, 88(4)：198 – 206.

［104］张策. 高频响电 – 机转换器的研究［D］. 浙江：浙江大学, 2005：13 – 29.

［105］王蔷. 电磁场理论基础［M］. 北京：清华大学出版社, 2001：65.

［106］马西奎. 电磁场理论及应用［M］. 西安：西安交通大学出版社, 2000：2 – 14.

［107］倪光正. 工程电磁场数值计算［M］. 北京：高等教育出版社, 1996：57 – 259.

［108］张榴晨, 徐松. 有限元法在电磁计算中的应用［M］. 北京：中国铁道出版社, 1996：24 – 56.

［109］Li S, Dan J, Xu B, et al. 3 – D magnetic field analysis of hydraulic servo valve torque motor with magnetic fluid ［C］. Eighth International Conference on Electrical Machines & Systems. IEEE, 2006：234 – 256.

［110］Tada Yukio, Kawakami, et al. Finite element analysis of electromagnetic fields and optimal control of eddy currents［J］. Nippon Kikai Gakkai Ronbunshu, C Hen/Transactions of the Japan Society of Mechanical Engineers, Part C, 1991, 57(543)：3540 – 3546.

［111］Radulian Alexandru. Modelling of electromagnetic device with permanent magnets using finite element method［J］. Electrotehnica Electronica Automatica. 2013(28)：45 – 65.

［112］Fonseca C M, Fleming P. Multiobjective optimization and multiple constraint handling with evolutionary algorithms. I. A unified formulation［J］. IEEE transactions on systems, man, and cybernetics. Part A, 1998, 28(1)：26 – 37.

［113］Horn Nicholas Nafpliotis. Multiobjective optimization using the niched pareto genetic algorithm ［M］. Illi GAL Report 93005, Illinois Genetic Algorithms Laboratory, University of Illinois, Urbana, Champaign, 1993：6 – 10.

［114］Horn J, Nafploitis N, Goldberg D E. A niched pareto genetic algorithm for multi – objective optimization［J］. Proceedings of the First IEEE Conference on Evolutionary Computation, IEEE Service Center, Piscataway, New Jersey, 1994：82 – 87.

［115］Srinivas N, Deb K. Multi – objective function optimization using non – dominated sorting genetic algorithms［J］. Evolutionary Computation, 1995, 2(3)：221 – 248.

［116］Kalyanmoy Deb, Samir Agrawal, Amrit Pratap, et al. A fast elitist non – dominated sorting genetic algorithm for multi – objective optimization：NSGA – II［C］. Proceedings of the Parallel Problem Solving from Nature VI Conference, 2000：123 – 135.

［117］Mansouri V, Khosravanian R, Wood D A, et al. 3 – D well path design using a multi objective genetic algorithm［J］. Journal of Natural Gas ence and Engineering, 2015, 27(1)：219 – 235.

［118］Xiaosong, Zhao, Chia – Yu, et al. A genetic algorithm for the multi – objective optimization of mixed – model assembly line based on the mental workload[J]. Engineering Applications of Artificial Intelligence, 2016, 47(C): 140 – 146.

[119]Corbera S, Olazagoitia J L, Lozano J A. Multi – objective global optimization of a butterfly valve using genetic algorithms[J]. Isa Trans, 2016(4): 401 – 412.

[120]Sullivan T A, Van D. Multi – objective, multi – domain genetic optimization of a hydraulic rescue spreader[J]. Mechanism & Machine Theory, 2014, 80: 35 – 51.

[121]Walker D J, Everson R, Fieldsend J E. Visualizing Mutually Nondominating Solution Sets in Many – Objective Optimization[J]. IEEE Transactions on Evolutionary Computation, 2013, 17 (2): 165 – 184.

[122]胡仁喜. 动网格的 ALE 分析及实例[M]. 北京: 机械工业出版社, 2011: 21 – 56.

[123]Qian J Y, Wei L, Jin Z J, et al. CFD analysis on the dynamic flow characteristics of the pilot – control globe valve[J]. Energy Conversion and Management, 2014, 87: 220 – 226.

[124]Srikanth C, Bhasker C. Flow analysis in valve with moving grids through CFD techniques[J]. Advances in Engineering Software, 2009(40): 193 – 201.

[125]Song X, Lei C, Cao M, et al. A CFD analysis of the dynamics of a direct – operated safety relief valve mounted on a pressure vessel[J]. Energy Conversion & Management, 2014, 81(2): 407 – 419.

[126]D Wu, Li S, Wu P. CFD simulation of flow – pressure characteristics of a pressure control valve for automotive fuel supply system [J]. Energy Conversion and Management, 2015 (101): 658 – 665.

[127]Lisowski E, Filo G, Rajda J. Pressure compensation using flow forces in a multi – section proportional directional control valve[J]. Energy Conversion & Management, 2015, 103(oct.): 1052 – 1064.

[128]钱锋. 粒子群算法及其工业应用[M]. 北京: 科学出版社, 2013.

[129]Nourbakhsh A, Safikhani H. The comparison of multi – objective particle swarm optimization and NSGA II algorithm: applications in centrifugal pumps[J]. Engineering Optimization, 2011, 43 (10): 1095 – 1113.

[130]Pang X, Rybarcyk L J. Multi – objective particle swarm and genetic algorithm for the optimization of the LANSCE linac operation[J]. Nuclear Instruments and Methods in Physics Research A. 2014(741): 124 – 129.

[131]Shi Y, Eberhart R. A modified particle swarm optimizer[C]. Proceedings of the IEEE international conference on evolutionary computation, Piscataway, N J, IEEE Press, 1998: 69 – 73.

[132]田东平. 混沌粒子群优化算法研究[J]. 计算机工程与应用, 2013, 49(17): 43 – 46.

[133] 熊智挺, 谭阳红, 易如方. 一种并行的自适应量子粒子群算法[J]. 计算机系统应用, 2011, 20(8): 47-51.

[134] Ollver W C. Hydraulic lock: US, US2453855 A[P]. 1948.

[135] Hong S H, Kim K W. A new type groove for hydraulic spool valve[J]. Tribology International, 2016(103): 629-640.

[136] Zhou J, Fan H, Shao C. Experimental study on the hydrodynamic lubrication characteristics of magneto fluid film inaspiral groove mechanical seal[J]. Tribol Int, 2016(95): 192-208.

[137] Ding X, Lu J. Theoretical analysis and experiment on gas film temperature in a spiral groove dry gas seal under high speed and pressure[J]. Int Heat Mass Transf, 2016(96): 438-450.

[138] Bertram, Aaron. A novel particle swarm and genetic algorithm hybrid method for improved heuristic optimization of diesel engine performance[J]. Dissertations & Theses - Gradworks, 2014 (39): 3990-4012.

[139] Aaron, Bertram. A novel particle swarm and genetic algorithm hybrid method for diesel engine performance optimization[J]. International J of Engine Research, 2016, 17(7): 732-747.

[140] Esmaelian M, Shahmoradi H, Vali M. A novel classification method: A hybrid approach based on extension of the UTADIS with polynomial and PSO-GA algorithm[J]. Applied Soft Computing, 2016(49): 56-70.

[141] Jianjun Y, Han Y, Matt D. Acceleration harmonic estimation for a hydraulic shaking table by using particle swarm optimization[J]. Transactions of the Institute of Measurement and Control, 2017, 39(5): 738-747.

[142] A Y T K, B E Z. A hybrid genetic algorithm and particle swarm optimization for multimodal functions - ScienceDirect[J]. Applied Soft Computing, 2008, 8(2): 849-857.

[143] Kuo R J, Han Y S. A hybrid of genetic algorithm and particle swarm optimization for solving bi - level linear programming problem - a case study on supply chain model[J]. Applied Mathematical Modelling, 2011(35): 3905-3917.

[144] Sebt M H, Afshar M R, Alipouri Y. Hybridization of genetic algorithm and fully informed particle swarm for solving the multi - mode resource - constrained project scheduling problem [J]. Engineering Optimization, 2016, 49(3): 513-530.

[145] Kuo, R, J, et al. Integration of Particle Swarm Optimization and Immune Genetic Algorithm - Based Dynamic Clustering for Customer Clustering[J]. International Journal of Artificial Intelligence Tools: Architectures, Languages, Algorithms, 2015, 24(5): 124-140.

[146] Liang H, Zhang K, You J, et al. Multi - objective Gaussian particle swarm algorithm optimization based on niche sorting for actuator design[J]. Advances in Mechanical Engineering, 2015,

7(12): 1 −7.

[147]Pratumsuwan P, Thongchai S, Tansriwong S. A Hybrid of Fuzzy and Proportional − Integral − Derivative Controller for Electro − Hydraulic Position Servo System[J]. International Journal of Energy Research, 2010, 1(2): 62 −67.

[148]Angeline P J. Using selection to improve particle swarm optimization[C]. IEEE International Conference on Evolutionary Computation, Anchorage, 1988: 84 −89.

[149]Keivan Borna, Razieh Khezri. A combination of genetic algorithm and particle swarm optimization method for solving traveling salesman problem [J]. Cogent Mathematics, 2015 (2): 101 −114.

[150]Kovacs G, Groenwold A A, Jarmai K, et al. Analysis and optimum design of fibre − reinforced composite structures [J] . Structural and Multidisciplinary Optimization, 2004, 3 (3): 175 −184.

[151]Kao Y T, Zahara E. A hybrid genetic algorithm and particle swarm optimization for multimodal functions[J]. Appl Soft Comput, 2008, 8(2): 849 −857.

[152]Raouf N, Pourtakdoust, et al. Launch vehicle multi − objective reliability − redundancy optimization using a hybrid genetic algorithm − particle swarm optimization[J]. Proceedings of the Institution of Mechanical Engineers, Part G. Journal of aerospace engineering, 2015, 229 (G10): 1785 −1797.

[153]易孟林, 草树平, 刘银水. 电液控制技术[M]. 武汉: 华中科技大学出版社, 2010.

[154]方振刚. 添加磁流体的力矩马达静态特性研究[D]. 哈尔滨: 哈尔滨工业大学, 2006: 34 −54.